职业教育印刷类专业系列教材

印刷材料检测与应用

主　编　方　燕　姚瑞玲　刘激扬

副主编　黄文均　唐　勇

科学出版社

北　京

内 容 简 介

本书依据印刷材料检测中的新知识、新技术、新方法、新标准编写而成，主要内容包括：纸张性能的检测，纸张的适性调节，油墨的性能和质量检测，油墨的适性调节与回收利用，印版输出和印版性能检测，橡皮布的性能检测，化学溶剂的性能检测和废液处理。全书内容通俗简明，既有实际操作，又注重相关理论讲解。

本书可作为职业院校印刷类专业教材，也适合印刷行业从事材料采购、营销等技术人员阅读。

图书在版编目（CIP）数据

印刷材料检测与应用 / 方燕，姚瑞玲，刘激扬主编 . —北京：科学出版社，2022.11

（职业教育印刷类专业系列教材）

ISBN 978-7-03-066140-1

Ⅰ. ①印… Ⅱ. ①方… ②姚… ③刘… Ⅲ. ①印刷材料－职业教育－教材 Ⅳ. ①TS802

中国版本图书馆 CIP 数据核字（2020）第 174922 号

责任编辑：辛　桐 / 责任校对：赵丽杰
责任印制：吕春珉 / 封面设计：耕者设计工作室

科学出版社 出版
北京东黄城根北街 16 号
邮政编码：100717
http://www.sciencep.com

北京中科印刷有限公司 印刷
科学出版社发行　各地新华书店经销

*

2022 年 11 月第　一　版　开本：787×1092 1/16
2024 年 1 月第二次印刷　印张：10 1/4
字数：243 000

定价：52.00 元

（如有印装质量问题，我社负责调换〈中科〉）
销售部电话 010-62136230　编辑部电话 010-62135120

前　言

为适应职业教育的发展，从封闭的学校教育走向开放的社会教育，本书按照“以人为本，全面发展”的教育理念，坚持“学中做、做中学”“服务为宗旨，就业为导向”的指导方针，由职业院校和企业技术人员共同编写而成。“印刷材料检测与应用”课程要求学生掌握的知识体系系统而庞大，课堂上讲授不可能面面俱到，因此本书主要介绍胶版印刷中常用的纸张、油墨、版材、橡皮布及润版液等材料的性能检测、印刷适性的处理及废弃物的处理与利用的方法，学生能根据印刷产品的用途及要求正确选择和合理使用印刷材料，分析解决生产中出现的技术问题。

本书根据职业教育人才培养目标和学生特点选取内容，有针对性地对教学内容进行了整合和梳理，充分体现了职业教育的特点。全书分为七个项目：项目一为纸张性能的检测，从纸和纸板的分类、规格、物理性能、光学性能、化学性能等方面对纸张承印材料进行分析，并结合生产实践，以巩固理论知识，夯实操作能力；项目二为纸张的适性调节，主要从影响纸张印刷适性的外界因素（温度、相对湿度等）出发，在印前对纸张进行调湿处理，使其达到最佳的印刷状态；项目三为油墨的性能和质量检测，介绍油墨的物理性能、光学性能，油墨本身的拉丝性、黏度等参数的含义及基本测定方法，旨在使学生由浅入深地了解、熟悉并最终掌握油墨材料的检测方法、油墨的制备方法（人工调墨、计算机配墨）；项目四为油墨的适性调节与回收利用，主要介绍印前设计中对油墨使用的设计调整、印刷过程中油墨的结皮处理及印后余墨的回收工艺，即从环保、节约油墨资源的角度出发，给出油墨回收利用的可行性方案；项目五为印版输出和印版性能检测，介绍印版检测指标（留膜率、空白密度）等的测定方法、印版图文再现检测信号条的使用方法，以及印版标准化曲线的制作；项目六和项目七分别针对橡皮布和化学溶剂的性能检测及化学溶剂的废液处理进行介绍。本书内容完整详细，为学生全面学习提供翔实的理论和实践指导。

本书由方燕、姚瑞玲、刘激扬担任主编，黄文均、唐勇担任副主编，华南理工大学陈广学教授担任主审，具体编写分工如下：项目一和项目二由四川工商职业技术学院方燕编写，项目三～项目五由四川工商职业技术学院姚瑞玲编写，项目六、项目七中部分任务由永发印务（四川）有限公司的刘激扬编写，其他内容由四川工商职业技术学院黄文均、唐勇、邹娟、刘连丽、汪海燕等编写。全书由方燕统稿。

在编写过程中，编者参考了大量的相关书籍和论文，同时得到了四川工商职业技术学院的领导和专家，以及永发印务（四川）有限公司、四川省邮电印制有限责任公司、重庆市金雅迪彩色印刷有限公司的大力支持，在此一并表示感谢。

“印刷材料检测与应用”涉及的学科和范围很广，书中难免存在疏漏之处，恳请读者批评指正。

编　者

2021 年 1 月于成都

目　　录

项目一　纸张性能的检测

背　景

在现代生活中，纸张是传播知识和文化的重要媒介，它对工业、商业、教育等行业的发展有着重要的作用。在现代的纸张印刷过程中，不仅要考量纸张的质量，还要考量纸张的印刷适性。由于造纸所用原料的品种和加工过程的不同，纸张的性质千差万别。无论什么纸，其本质都是在植物纤维中加入填料、胶料、色料等成分加工而成的一种非匀质材料。纸张的性能对印刷品质量的影响较大，因此在纸张的生产与印刷过程中，对纸张性能的检测是必不可少的。

能力训练

任务一　纸张取样及准备

（一）任务解读

为了保证产品质量，生产合格的产品，企业在生产过程中需定期对产品进行取样检查，在交付使用时，用户也要对整批产品进行抽样检查。抽样的原则为取样应具有代表性。

（二）设备、材料和工具

切纸刀［图 1.1（a）］，纸样，圆形定量取样器［图 1.1（b）］。

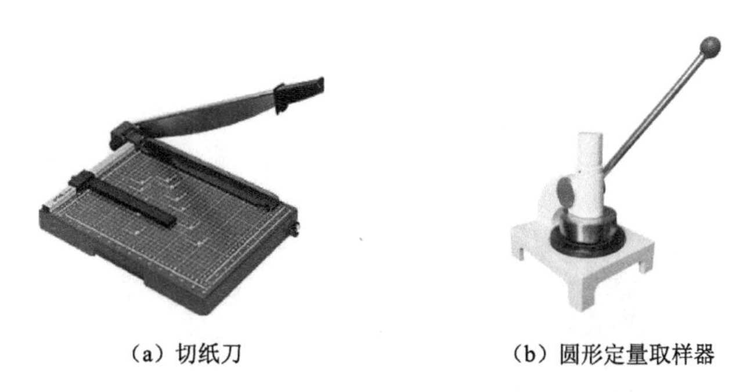

（a）切纸刀　　（b）圆形定量取样器

图 1.1　切纸刀和圆形定量取样器

（三）课堂组织

学生5人为1组，实行组长负责制。当取样及试样准备结束时，教师对学生的操作步骤及方法进行点评；现场按评分标准评分，并记录在实训报告上。

（四）操作步骤

按检测所规定的纸样尺寸，用切纸刀从纸样上切取一定长宽尺寸的纸条或纸片，并将有缺陷和有纸病的纸样废弃。

任务二　纸张表观性能的检测

一、纸张纵向、横向的鉴别

（一）任务解读

纸和纸板经抄纸机成型后具有一定的方向性。通常把纸张分为纵、横两个方向：与抄纸机运行方向平行的方向为纵向；与抄纸机运行方向垂直的方向为横向。

纸张的许多性能因纵向、横向而有所差别，如抗张强度和耐折度纵向大于横向，撕裂度横向大于纵向。很多纸张在使用时要求纵向、横向强度尽量接近一致，但有些纸张要求纵向强度大。因此，当测定纸张的表观性能时，一定要区别其纵向、横向。图1.2所示为抄纸机，图1.3所示为纸张成型过程中纸张纵向、横向的示意图。

图1.2　抄纸机

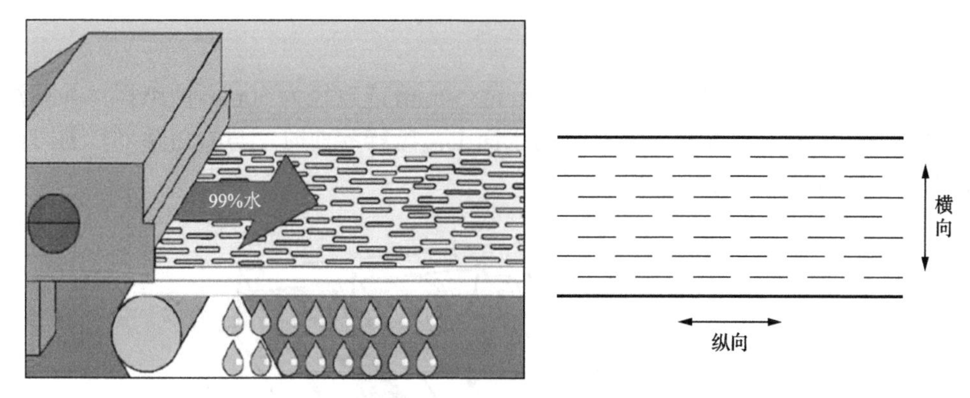

图 1.3　纸张成型过程中纸张纵向、横向的示意图

（二）设备、材料和工具

显微镜，纸样，自来水，手套，水槽。

（三）课堂组织

学生 5 人为 1 组，实行组长负责制。当鉴别纸张的纵向、横向结束时，教师对学生的操作步骤及方法进行点评；现场按评分标准评分，并记录在实训报告上。

（四）操作步骤

未经起皱处理（含弹性处理）的纸张，其纵向、横向的鉴别方法如下。

1. 纸条弯曲法

平行于原样品边，切取 2 条相互垂直的长约 200mm、宽约 15mm 的纸条，将纸条平行重叠，戴手套后用手指捏住一端，使其另一端自由弯向手指的左方或右方。如果 2 条纸重合，则上面的纸条为横向，下面的纸条为纵向；如果 2 条纸分开，则上面的纸条为纵向，下面的纸条为横向。纸条弯曲法如图 1.4 所示。

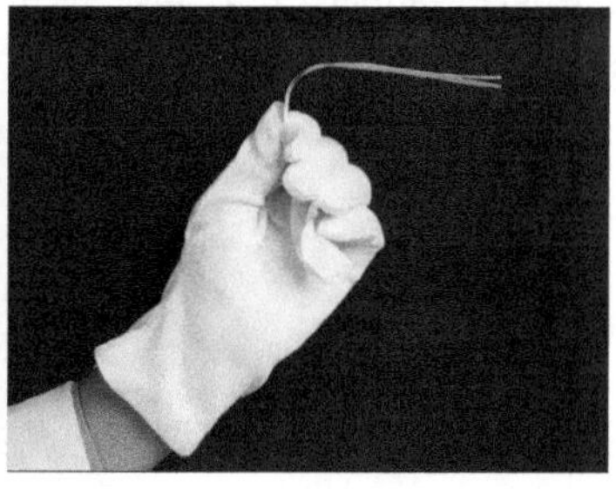

图 1.4　纸条弯曲法

2. 纸页卷曲法

平行于原样品边，切取长 × 宽为 50mm×50mm 或直径为 50mm 的纸样，并标注原样品边的方向，然后将纸样放在水槽的水面上，纸样卷曲时，与卷曲轴平行的方向为纸样的纵向。纸页卷曲法如图 1.5 所示。

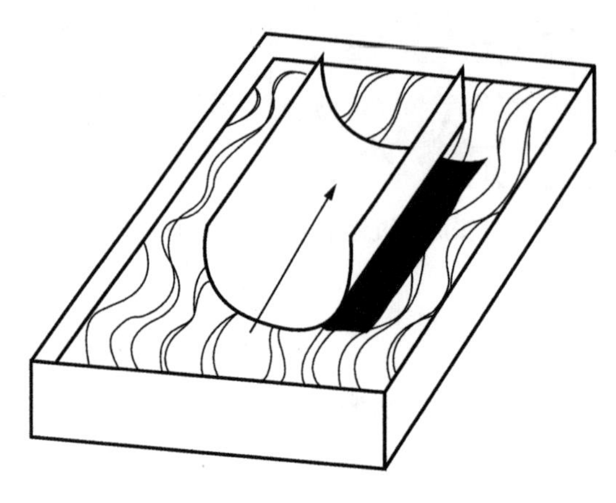

图 1.5　纸页卷曲法

3. 抗张强度鉴别法

平行于原样品边，切取 2 条相互垂直的长 250mm、宽 15mm 的纸样，测试其抗张强度。一般情况下，抗张强度大的方向为纵向。如果通过测定纸样的撕裂度来分辨方向，则与破裂主线垂直的方向为纵向。

4. 纤维定向鉴别法

通常，纸样表面的纤维沿纵向排列，特别是网面上的大多数纤维沿纵向排列。鉴别时应先将纸样平放，使入射光与纸样约呈 45°，视线与纸样也约呈 45°，如图 1.6 所示，然后观察纸样表面纤维的排列方向，也可以在显微镜下观察纸样表面纤维的排列方向。

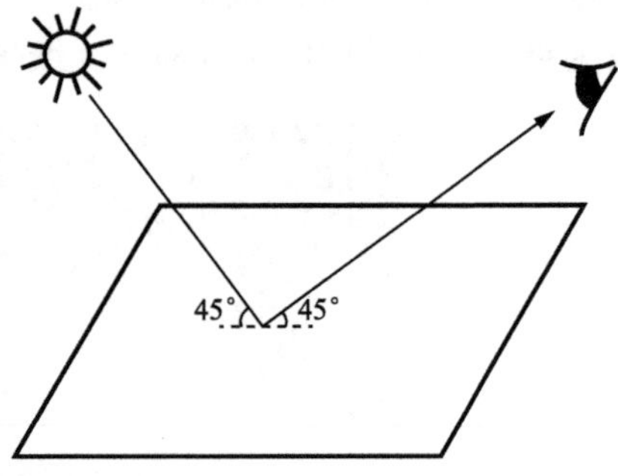

图 1.6　纤维定向鉴别法

二、纸张正面、反面的鉴别

（一）任务解读

纸张分正、反两面。纸张成型时，贴向铜

网的一面为反面，又称网面；接触毛毯的一面为正面，亦称毛毯面。纸张的反面固有网痕，加之细小纤维流失率大，因而较粗糙且疏松，正面相对较紧密。纸张正反两面结构的不同，使纸张的一些性能（如平滑度、白度、施胶度等）也不同，称为纸张的两面性。图 1.7 所示为纸张正面、反面放大图。

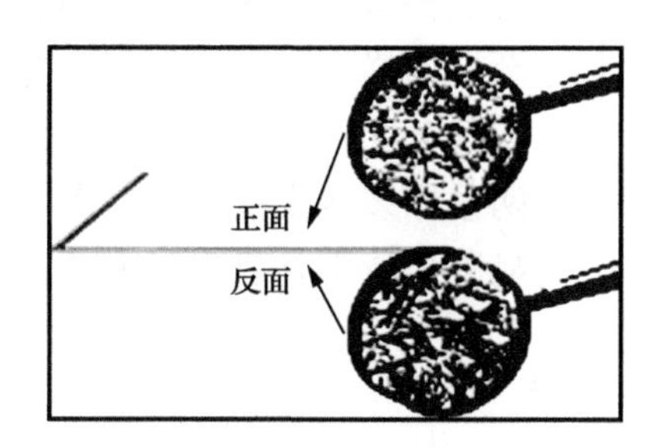

图 1.7　纸张正面、反面放大图

（二）设备、材料和工具

显微镜，热水，氢氧化钠，纸样，吸水纸。

（三）课堂组织

学生 5 人为 1 组，实行组长负责制，对纸张的正面、反面进行鉴别。结束时，教师对学生的操作步骤及方法进行点评；现场按评分标准评分，并记录在实训报告上。

（四）操作步骤

纸张正面、反面的鉴别方法有以下几种。

1. 直观法

折叠 1 张纸样，观察纸张的相对平滑性，首先从铜网的菱形压痕可以辨别出网面。再将纸样放平，使入射光与纸样约呈 45°，视线与纸样也约呈 45°，观察纸样的表面，有网痕的一面为反面。也可在显微镜下观察纸样，确定网面。

2. 润湿法

用热水或稀氢氧化钠溶液浸渍纸样，然后用吸水纸将多余的水或溶液吸掉，放置几分钟，观察两面，有清晰网印的一面为反面。

3. 撕裂法

用一只手拿试样，使其纵向与视线平行，并将试样表面接近于水平放置。用另一只手将试样向上拉，使试样首先在纵向上撕裂。然后将试样撕裂的方向逐渐转向横向，并向试样边缘撕去。反转试样，使其相反的一面向上，并按上述步骤重复类似的撕裂。比较两条撕裂线上的纸毛，若一条线上比另一条线上起毛显著，特别是纵向转向横向的曲线处，起毛明显的为网面向上，如图 1.8 所示。

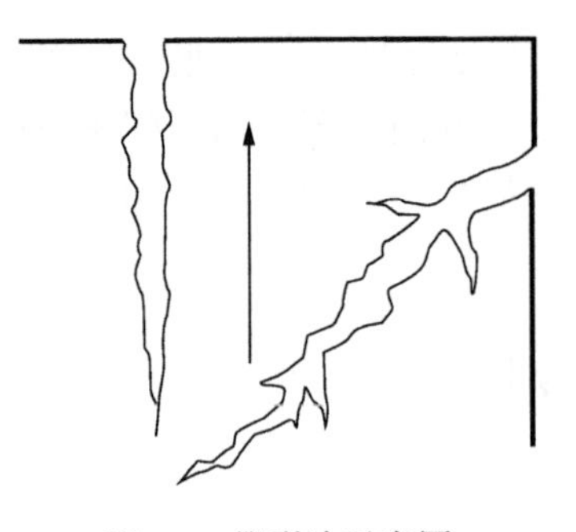

图 1.8 撕裂法示意图

三、纸张尺寸及偏斜度的测定

（一）任务解读

纸张的尺寸及偏斜度会影响印刷的正常进行。尺寸、偏斜度的测定方法适用于各种平板、卷筒及卷盘的纸和纸板，不适用于有皱纹的纸张。

（二）设备、材料和工具

计算器，纸样，分度值为 1mm、长度为 2 000mm 的钢卷尺，精度为 0.02mm 的游标卡尺。

（三）课堂组织

学生 5 人为 1 组，实行组长负责制。检测结束时，教师对学生的操作步骤及结果进行点评；现场按评分标准评分，并记录在实训报告上。

（四）操作步骤

1. 纸样尺寸的测定

（1）平板纸的尺寸是用分度值为 1mm、长度为 2 000mm 的钢卷尺来测量的。测定时，从任一包装单位中取出 3 张纸样，测定其长度和宽度，测定结果以平均值表示，精确至 0.1mm。

（2）卷筒纸的尺寸是测量卷筒的宽度，用钢卷尺测量，结果以 3 次测量的平均值表示，精确至 1mm。

（3）卷盘纸的尺寸是用精度为 0.02mm 游标卡尺测量卷盘的宽度，结果以 3 次测量的平均值表示，精确至 0.1mm。

2. 纸样偏斜度的测定

平板纸和平板纸板的偏斜度是指纸的长边（或短边）与其相对应的矩形长边（或短边）偏差的最大值，结果以偏差的毫米数或偏差的百分数来表示。

（1）从任一包装单位中，平板纸取 3 张纸样（平板纸板取 6 张纸样）进行测定。

（2）将平板纸按长边（或短边）对折，使顶点 *A* 与 *D*（或 *A* 与 *B*）重合，然后测量偏差值，即 *BC*（或 *CD*）的长度（图 1.9），测量应精确至 1mm。

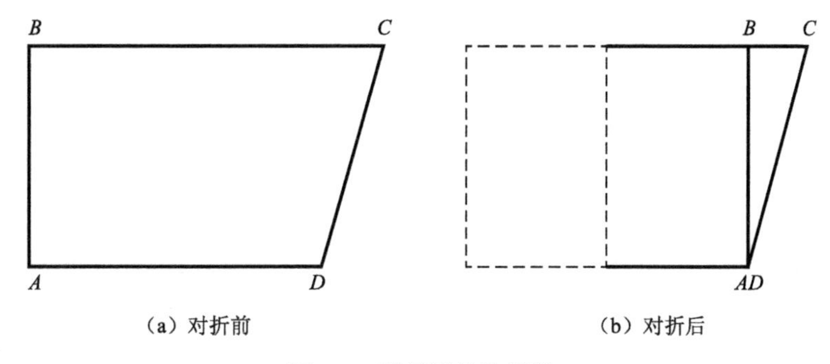

图 1.9　平行纸的偏斜度

（3）若平板纸板较厚不易折叠，则可将 2 张纸板正反面相对重叠，使正面的点 *A* 与点 *D* 分别与反面的点 *D′* 与点 *A′* 重合，然后测量偏差值，即 *BC′*（或 *CB′*）的长度（图 1.10）。测量精确至 1mm。

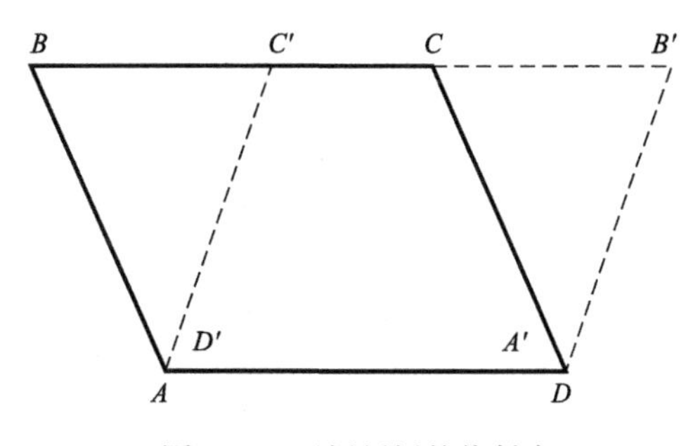

图 1.10　平板纸板的偏斜度

（五）结果表示

（1）以平均值表示检测结果。

（2）如果用偏差的毫米数表示偏斜度，卷盘纸修约至 0.1mm，其他修约至整数。

（3）如果用偏差的百分数表示偏斜度，其结果保留 2 位有效数字，并按式（1.1）进行计算。

$$r=\frac{d_1}{d_2}\times 100\% \tag{1.1}$$

式中，r——偏斜度；

d_1——偏差值，mm；

d_2——边长，mm。

任务三　纸张定量、厚度、紧度的检测

一、纸张定量的测定

（一）任务解读

纸张的定量是指 $1m^2$ 纸张的质量，以 g/m^2 表示。通常，纸张定量越大，纸张越厚。

（二）设备、材料和工具

切纸刀或专用裁样器，精度为 0.02mm 的游标卡尺，计算器，100mm×100mm 的纸样 30 张，电子天平（图 1.11）。

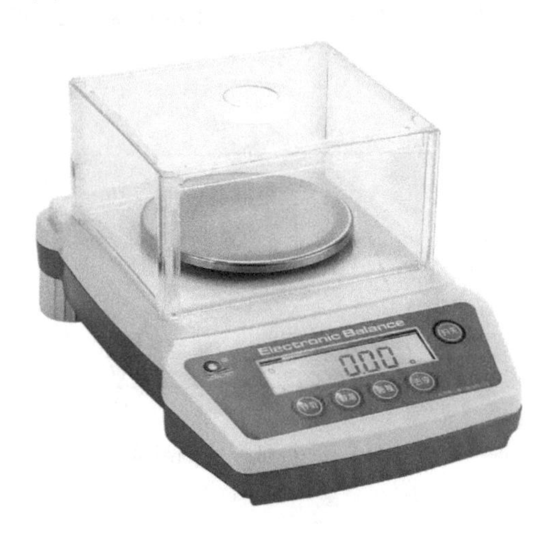

图 1.11　电子天平

质量为 5g 以下的纸样，用分度值为 0.001g 的电子天平。

质量为 5g 以上的纸样，用分度值为 0.01g 的电子天平。

质量为 50g 以上的纸样，用分度值为 0.1g 的电子天平。

在称量前，电子天平应按规定进行校准；在称量时，应防止气流影响电子天平。

（三）课堂组织

学生 5 人为 1 组，实行组长负责制。当纸张定量检测结束时，教师对学生的操作步骤及结果进行点评；现场按评分标准评分，并记录在实训报告上。

（四）操作步骤

纸张定量测定的步骤如下。

（1）将 5 张纸样沿纸幅纵向叠成 5 层，然后沿横向均匀切取 $0.01m^2$ 的纸样 2 叠，共 10 张纸样，用相应分度值的电子天平称量。若切样设备不能满足精度要求，则应测量每张纸样的尺寸，并计算测量面积。

（2）宽度 100mm 以下的卷盘纸，应按卷盘宽切取 5 条长 300mm 的纸条一并称量。

（3）采用精度为 0.02mm 的游标卡尺测量所称量纸条的长边及短边，分别精确至 0.5mm 和 0.1mm，然后计算面积。

（五）结果表示

纸样的定量 G 按式（1.2）计算，单位为 g/m^2。

$$G = m_{总} \times 10 \tag{1.2}$$

式中，$m_{总}$——10 张 $0.01m^2$ 纸样的总质量，g。

二、纸张厚度和紧度的测定

（一）任务解读

纸张厚度是指纸张的两个测量面间承受一定压力后产生的距离，用 mm 或 μm 表示。

在规定的负荷下，用符合精度要求的纸张厚度测定仪（简称厚度仪）根据试验要求测量单张纸或一叠纸的厚度。

（二）设备、材料和工具

厚度仪，纸样，计算器。

图 1.12 所示为 ZUS-4 型厚度仪。其有两个相互平行的圆形测量面，一个测量面被固定，另一个测量面能沿其垂直方向移动。其中一个测量面的直径为 (16.0±0.5) mm，

另一个测量面的直径应不小于此值，这样在测量厚度时受压测量面积通常为 200mm^2。在测量过程中，测量面间的压力为 (100±10) kPa，采用恒定荷重的方法，可以确保两个测量面间的压力均匀，使偏差在规定范围内。特殊纸或纸板按产品标准的规定，可采用不同压力进行厚度检测。当厚度仪的读数为零时，较小的测量面的整个平面应与较大的测量面完全接触。

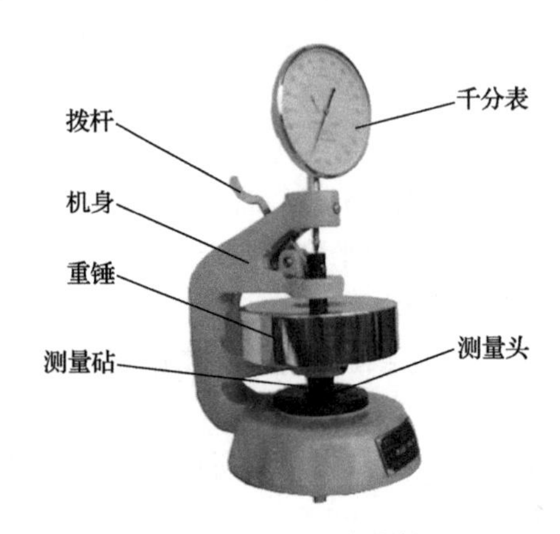

图 1.12　ZUS-4 型厚度仪

（三）课堂组织

学生 5 人为 1 组，实行组长负责制。当纸张厚度检测结束时，教师对学生的操作步骤及结果进行点评；现场按评分标准评分，并记录在实训报告上。

（四）操作步骤

调节厚度仪的零点，将纸样放入张开的测量面间。检测时以小于 3mm/s 的速度将另一测量面轻轻移到纸样上，避免冲击现象发生。待指示值稳定后，在纸被“压陷”前读数，通常用 2 ～ 5s 完成读数，避免人为地对厚度仪施加任何压力。

（五）结果表示

（1）纸张厚度测定结果的表示。

计算每张纸样厚度的平均值，得到单层厚度。厚度均以 mm 或 μm 表示，修约至 3 位有效数值（对于过薄的纸，可按产品标准取有效数字）。

（2）纸张紧度测定结果的表示。

纸张紧度是指每立方厘米纸张的质量。纸张紧度的计算公式为

$$t=\frac{G}{\delta} \tag{1.3}$$

式中，G——纸样的定量，g/m^2；

t——纸样厚度，mm；

δ——纸张紧度，g/cm^3。

测定结果精确至 2 位小数。

任务四　纸张力学性能的检测

一、纸张撕裂度的检测

（一）任务解读

纸张撕裂度是指将预先切口的纸或纸板撕至一定长度所需力的试验平均值。若起始切口是纵向的，则所测结果是纵向撕裂度；若起始切口是横向的，则所测结果是横向撕裂度。

具有规定预切口的 1 叠纸样（通常为 4 层），采用一个垂直于纸样面的移动平面摆施加撕裂力，使纸撕开一个固定距离。用摆的势能损失来测量在撕裂纸样的过程中所做的功。

平均撕裂力由摆上的刻度来指示或由数字来显示，纸张撕裂度由平均撕裂力和纸样层数确定。

每个方向应至少做 5 次有效试验。

（二）设备、材料和工具

爱利门道夫（Elmendorf）撕裂度仪，如图 1.13 所示，在使用前需要校准和调整。

纸样，尺寸为 (63±0.5) mm×(50±2) mm，并按样品的纵、横向分别切取纸样。

计算器。

（三）课堂组织

学生 5 人为 1 组，实行组长负责制。当纸张撕裂度测定结束时，教师对学生的操作步骤及结果进行点评；现场按评分标准评分，并记录在实训报告上。

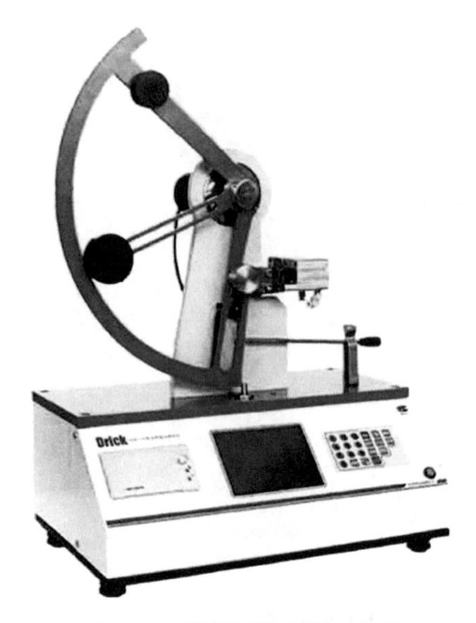

图 1.13　爱利门道夫撕裂度仪

（四）操作步骤

根据纸样选择合适的摆或重锤，应使测定读数在满刻度值的 20%～80%。将摆升至初始位置并用摆的释放机构固定，将纸样一半正面对着刀，另一半反面对着刀。纸样的侧面边缘应整齐，底边应完全与夹子底部相接触，并对正夹紧。用切刀将纸样切一个整齐的刀口，然后将刀返回静止位置，使指针与指针停止器相接触，迅速压下摆的释放装置，当摆向回摆时，用手轻轻地抓住它且不妨碍指针位置。读取指针读数或数字显示值时，应使指针与操作者的眼睛水平对齐。松开夹子，去掉已撕的纸样，使摆和指针返回至初始位置，准备下一次测定。

当试验中有 1～2 张纸样的撕裂线末端与刀口延长线的左右偏斜超过 10mm 时，应舍弃不记。重复试验，直至得到 5 个满意的结果为止。如果有 2 张以上的纸样左右偏斜超过 10mm，其结果可以保留，但应在报告中注明偏斜情况。若撕裂过程中纸样产生剥离现象，而不是在正常方位上撕裂，则应按上述撕裂偏斜情况处理。

测定层数应为 4 层，如果得不到满意的结果，可适当增加或减少层数，但应在报告中加以说明。

（五）结果表示

撕裂度按式（1.4）计算：

$$a=\frac{\overline{S}P}{n} \tag{1.4}$$

式中，a——撕裂度，mN；

$\overline{S}$——试验方向上的平均刻度读数，mN；

P——换算因数，即刻度的设计层数，一般为 16；

n——同时撕裂的试样层数。

撕裂指数即撕裂度除以其定量，按式（1.5）计算：

$$x = \frac{a}{G} \tag{1.5}$$

式中，x——撕裂指数，mN·m^2/g；

a——撕裂度，mN；

G——定量，g/m^2。

二、纸张抗张强度及抗张指数的检测

（一）任务解读

抗张强度是指在标准试验方法规定的条件下，单位宽度的纸或纸板断裂前所能承受的最大张力，以 S 表示，单位为 N/mm。抗张指数为抗张强度除以定量，以 I 表示，单位为 N·m/g。

（二）设备、材料和工具

抗张强度仪（图 1.14），纸样：(15±0.1) mm×250mm 纵向、横向纸张各 5 张以上，计算器。

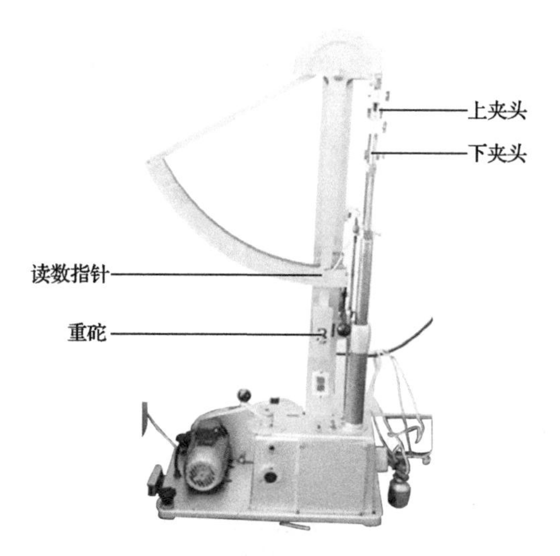

图 1.14　抗张强度仪

（三）课堂组织

学生 5 人为 1 组，实行组长负责制。当纸张抗张强度测定结束时，教师对学生的操作步骤及结果进行点评；现场按评分标准评分，并记录在实训报告上。

（四）操作步骤

（1）仪器的校准和调节。

（2）测定：试验前将仪器调节至水平，指针指示在零位。

① 切取宽 15mm、长约 250mm 的纸条，将其平行地夹紧于抗张强度仪的两个夹头上。上、下两个夹头的端面间距为 180mm。

② 测定纸的抗张强度时，将纸条夹紧在上夹头后，预先给予轻微的张力把纸拉直，然后夹紧下夹头。根据特定的质量标准要求，厚纸板的抗张强度测定可以采用的纸样宽度为 50mm，两个夹头间距为 100mm。

③ 一般用手轻轻拉直纸条下端即可，松开摆的销锁，摆略微偏离零点。

调节下夹头下降速度，使纸条开始加负荷至破裂的时间为 (20±5) s，读取抗张强度（至少取 3 位有效数字，伸长率精确至 0.2%）。若纸条在夹子内部或夹子附近断裂，则测定结果作废。

注意：当不知道纸条抗张强度的大致范围时，应取 2 ～ 3 条纸条做试探试验，以调节下夹头的下降速度。为此，测得纸条断裂时下夹头下降的距离（mm），然后将其乘以 3 得出调速盘上数据。

（五）结果表示

（1）抗张力即以纸板标准所规定的纸样宽度，在抗张强度仪上直接测定的数值，用 F 表示，单位为 kg、g、N。

（2）抗张强度 S 按照式（1.6）计算：

$$S=\frac{\overline{F}}{W_{\mathrm{i}}}\times 1\,000 \tag{1.6}$$

式中，$\overline{F}$——纸样的平均抗张力，N；

W_{i}——纸样的初始宽度，mm；

S——抗张强度，N/m。

（3）抗张指数按式（1.7）计算：

$$I=\frac{\overline{F}}{W_{\mathrm{i}}G} \tag{1.7}$$

式中，I——抗张指数，N·m/g；

G——纸或纸板的定量，g/m^2。

计算结果修约 10mm。

三、纸张耐折度的测定

（一）任务解读

纸张耐折度是指在标准张力条件下进行折叠试验，纸样断裂时双折叠次数的对数。一般常见的耐折度较大的纸张有地图纸（图 1.15）、有价证券用纸等。

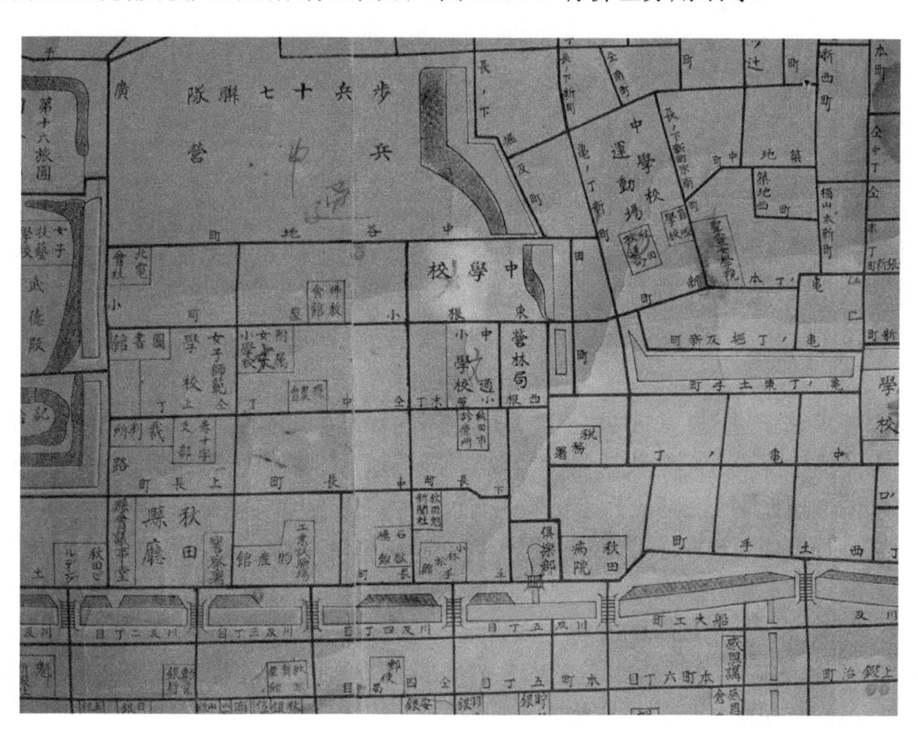

图 1.15　地图纸

（二）设备、材料和工具

耐折度试验仪（图 1.16），纸样：(15.0±0.1) mm×100mm 纵向、横向纸张各 5 张以上，温度计。

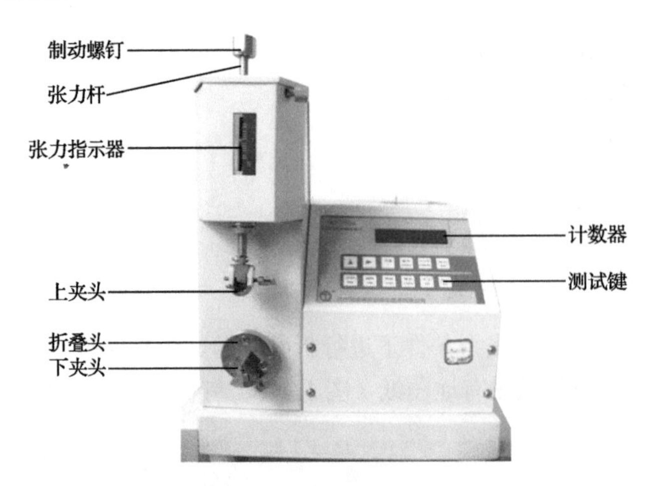

图 1.16　耐折度试验仪

（三）课堂组织

学生 5 人为 1 组，实行组长负责制。当纸张耐折度测定结束时，教师对学生的操作步骤及结果进行点评；现场按评分标准评分，并记录在实训报告上。

（四）操作步骤

通常要求测定过程在与纸样温湿处理相同的标准大气条件下进行。在整个试验过程中，应监控折叠头周围的气流温度。仪器连续运行 4h 后，温度的增加应不超过 1℃。如果温度增加超过 1℃，则应停止试验，待温度降至正常后方可重新开始。

如果双折叠次数小于 10 次或大于 10 000 次，可以减小或增大张力，但应在报告中注明所采用的非标准张力的大小。在纸的每个试验方向上，应需要至少 10 个有效的试验结果。纵向试验是指纸样的长边方向为纸的纵向，应力作用于纵向，断裂在横向。

如果纸样在夹头间滑动或不在折叠线处断裂，则应舍去其结果。计算每次读数，分别计算纵向、横向结果的平均值。

（1）调整仪器至水平。转动摆动的折叠头，使缝口垂直。调节所需的弹簧张力并固定张力杆，弹簧张力一般为 9.81N，根据要求也可以采用 4.91N 或 14.72N。轻拍张力杆的侧面以消除摩擦，检查并调整好张力指示器。然后锁紧张力杆，夹紧纸样于夹口内。夹纸样时不应触摸纸样的被折叠部分，应使纸样的整个表面处于同一平面内，并且纸样边不应从上夹头的固定面露出。

（2）松开张力杆锁，给纸样施加规定的张力。试验时，如果移去重砣，则可能会观察到指示器产生移动。如果产生移动，则应用重砣重新调整张力，然后开始折叠纸样，直至纸样断裂，仪器将自动停止计数，记录纸样断裂时的双折叠次数，然后将计数器回零。

（五）结果表示

纵向、横向纸张分别以测定的平均值整数表示。

任务五　纸张光学性能的检测

一、纸张的白度检测

（一）任务解读

纸张的白度是指纸张受光照射后全面反射的能力，也是纸张的光亮程度。白度是所有白色纸及部分加工的淡色原纸必须具备的条件。纸张的白度是根据使用要求来规定的，如高级书写纸、铜版纸及其他高性能印刷纸都要求有较高的白度，使书写、印刷出来的字迹、彩色图案十分清晰。有些纸张（如包装纸、水泥袋纸等）不要求白度。所以白度必须根据纸张的用途和质量标准来检测。

（二）设备、材料和工具

DN-B 白度仪，如图 1.17 所示。约 150mm×75mm 的矩形纸样不少于 10 片，以纸样叠不透光为标准，计算器。

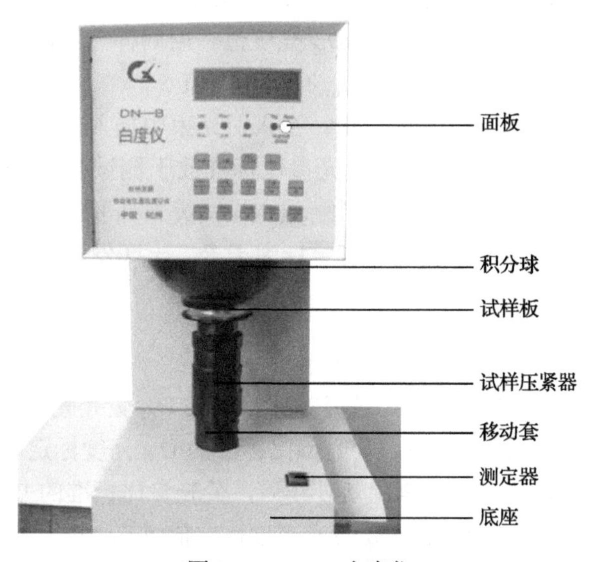

图 1.17　DN-B 白度仪

（三）课堂组织

学生5人为1组，实行组长负责制。当纸张白度测定结束时，教师对学生的操作步骤及结果进行点评；现场按评分标准评分，并记录在实训报告上。

（四）操作步骤

1. 仪器校准

按照仪器说明书，打开仪器电源开关，经一定时间稳定后，分别用标准黑筒和无荧光标准来校准仪器的零点和刻度值。若采用滤光镜匹配的反射光度计，则校准前应在仪器反射光束中插入波长为457nm的滤光镜，然后将荧光标准放入测试孔，测定D_{65}标准光源照明下的亮度。如果测定值与标定值不一致，则通过调节紫外调节滤光镜来调节仪器的紫外光含量。再次校准仪器后重复上述测定，反复调节测试，直至测定值与标定值相一致。

2. 测定步骤

对于滤光片式反射光度计而言，测定含荧光增白剂试样的D_{65}荧光亮度标定值F时，需要完成荧光参比标准的D_{65}亮度值测定和D_{65}荧光亮度定标因子B的标定。

（1）荧光参比标准的D_{65}亮度值测定。取下纸样叠的保护纸页，不能触摸测试区域，测量试样叠最上层试样的D_{65}亮度。读取并记录结果，精确至0.1%。取下测过的试样放在试样叠的最下面，测定下一个试样D_{65}亮度值。用同样方法测量余下的试样，完成不少于10个测量值，求其平均值，得D_{65}亮度标定值S。

（2）D_{65}荧光亮度定标因子B的标定。在入射光束中插入紫外截止滤光镜，再次用黑筒和无荧光参比标准校准仪器，将荧光参比标准放于测试孔，测定消除紫外线条件下试样的D_{65}亮度标定值S_c。用荧光参比标准的D_{65}荧光亮度标定值F和荧光参比标准的D_{65}亮度标定值S_c，计算D_{65}荧光亮度定标因子B，计算公式如下：

$$B = F / (S - S_c) \tag{1.8}$$

式中，B——D_{65}荧光亮度（白度）定标因子；

F——在D_{65}标准光源照明下，荧光参比标准的D_{65}荧光亮度标定值；

S——在D_{65}标准光源照明下，荧光参比标准的D_{65}亮度标定值；

S_c——在加紫外截止滤光镜消除紫外线后，荧光参比标准的D_{65}亮度标定值。

（3）计算含荧光增白剂试样的D_{65}荧光亮度标定值$F_{试样}$。

（五）结果表示

含荧光增白剂的试样 D_{65} 荧光亮度 $F_{试样}$，可按式（1.9）计算

$$F_{试样}=B\left(R_{457}-R_{c}\right) \tag{1.9}$$

式中，$F_{试样}$——试样 D_{65} 荧光亮度标定值；

R_{457}——在 D_{65} 标准光源照明，加 457nm 滤光镜下，试样的 D_{65} 亮度测定值；

R_{c}——在加紫外截止滤光镜消除紫外线后，试样的 D_{65} 亮度测定值。

二、纸张颜色的检测

（一）任务解读

在造纸工业中，纸张的颜色常用白度来表征，并用波长为 457nm 的光波照射在纸样上的反射率来衡量，但是这种方法没有考虑人眼的视觉特征。在印刷中，通常采用 L、a、b 表征纸张的颜色，这种方法能够非常直观地反映纸张的白度和色偏，还能够与人眼对颜色的视觉结果保持一致。其中，L 表示亮度，一般情况下，亮度越高，白度也越高（对于某些材料，有时白度较高，亮度并不一定高）。a 为正表示纸张偏红，a 为负表示纸张偏绿。b 为正表示纸张偏黄，b 为负表示纸张偏蓝。纸张颜色对于印刷品呈色效果具有重要意义。

（二）设备、材料和工具

爱色丽分光密度计如图 1.18 所示。约 150mm×75mm 的矩形纸样不少于 10 片，以纸样叠不透光为标准。

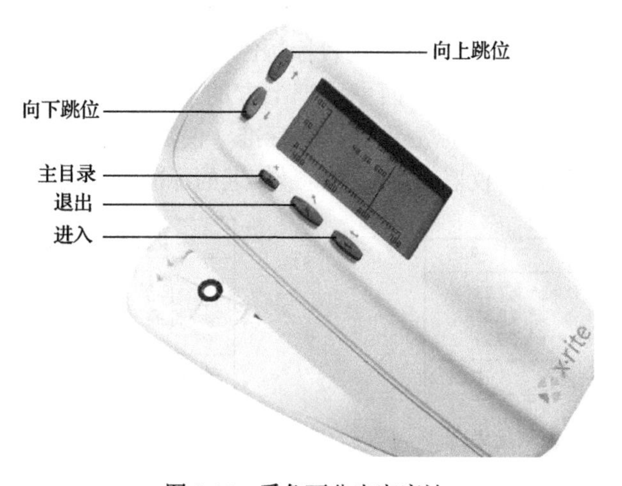

图 1.18　爱色丽分光密度计

（三）课堂组织

学生 5 人为 1 组，实行组长负责制。当纸张颜色测定结束时，教师对学生的操作步骤及结果进行点评；现场按评分标准评分，并记录在实训报告单上。

（四）操作步骤

1. 仪器的校准

在更换测量口径或偏振片的时候需要进行全面校正。

（1）选择“主目录”→“配置”→“全面校正”选项，进入全面校正界面（图 1.19）。

（2）先测量白板，仪器会提示测量 2 次。

（3）当屏幕提示“测量黑筒”时，将测量头对准房间中比较暗的地方，持续按住“进入”按键进行测量，直到仪器自动测量 4 次后才可松开。

（4）若屏幕左下角显示“完成”，则表示校正成功。

校正	
白板 黑筒	测量白板 自动识别 校正
<测量白板>	标准

图 1.19　全面校正界面

2. 试验步骤

（1）选择“主目录”→“颜色”选项，进入颜色测量界面，如图 1.20 所示。

（2）放平纸样，把仪器的测量孔对准目标颜色，按下机身即可测量出纸样的颜色值。

（3）测量色差。在颜色测量界面中，把上方的“颜色”切换为“颜色减去标准”模式（图 1.21）。进入“标准”，测量并储存标准（仪器共可以储存 16 个标准），返回颜色测量界面，测量纸样，仪器会自动搜索最接近的标准与之比较，显示出色差值。

颜色		选项
样品	>L* 67.23 a* 18.85 b* 29.27	
<测量样品>		D50/2

图 1.20　颜色测量界面

颜色减去标准		选项
样品 标准	△Eab 4.27（总色差） △L* 0.56（偏浅） △a*−1.52（偏绿）	
<测量样品>		D50/2

图 1.21　色差测量界面

知识拓展

一、纸张性能检测的纸样选取及处理

1. 纸样抽取

纸张的性能在纸张的生产过程中就已经确定了，印刷厂在印刷前必须了解纸张的性能，才能在实际生产中正确选择和合理使用各种纸张，制定和掌握工艺规范，提高印刷质量，减少材料消耗，降低生产成本，从而提高经济效益。

对于纸张性能的检测，按照《纸和纸板 试样的采取及试样纵横向、正反面的测定》（GB/T 450—2008）规定，从整批产品中取样的方法如下：应先从其中抽出若干包装单位（规定平板和卷筒包装抽取 3% ～ 5% 的包装单位，卷盘包装抽取 0.2% 的包装单位）；再从抽出的包装单位中取样，进行检测。所取纸样应能代表整批产品所具有的性能；纸样要保持平整，不折不皱，没有破损或其他纸病；要避免阳光照射，防止潮湿或局部温、湿度变化；供测定水分的纸样应立即置于干燥、严密的容器内。在生产中取样的方法如下：根据各厂的具体情况，按时或按纸辊取样，及时掌握生产情况，控制生产，保证产品质量。平板纸的取样规定如表 1.1 所示。

表 1.1 平板纸的取样规定

整批中产品数 / 张	最少抽取产品数 / 张
≤ 1 000	10
1 001 ～ 5 000	15
>5 000	20

需要注意的是，在取样时，卷筒纸应去掉外部受损纸层，再去掉 1 ～ 3 层。盘纸同样需要去掉外层，再按全宽选取 5 ～ 10m 的纸条作为纸样。

2. 纸样处理

构成纸和纸板的纤维材料具有亲水性，因此，周围环境温度、相对湿度的变化，必然要引起纸张含水量的变化，而含水量的变化会使纤维间的结合状况发生变化，从而使纸张的技术性能受到影响。因此，纸与纸板在进行检测前，必须先在一定的相对湿度和温度下进行处理，使含水量达到平衡后再进行检测，这样才能得到准确、可靠的结果。

纸样在进行处理时，其原始湿度状况对纸张的性能指标有一定影响。因为纸样由高湿度状态过渡到标准湿度状态，其含水量总是比由低湿度状态吸湿过渡到标准湿度状态的含水量要高。这种“滞后现象”所引起的含水量的变化必然对纸样的技术性能产生一定影响。为了消除滞后现象对纸张性能的影响，一般要求纸样在处理时从较低的湿度状态向标准湿度状态过渡。为此，可将纸样在低于标准湿度下预处理（在放有硅胶的干燥器中或在低于60℃的条件下处理纸样），使纸样含水量降至标准湿度下含水量的一半，再将纸样在标准温、湿度状态下进行处理。

3. 纸样处理的温度和相对湿度条件

纸样处理的温度为(23±1) ℃，相对湿度为(50±2)% 。经过一段时间的处理，纸样前后的质量变化不超过0.1%。一般不施胶或轻施胶的纸和纸板处理时间控制在2～4h，重施胶的纸和纸板控制在4～24h，即能达到平衡。

纸张的品种、规格繁多，了解和掌握纸张的性能，熟悉其规格，对于正确、合理地使用各种性能的纸张具有重要的实际意义。

二、纸张的分类和规格

1. 纸张的分类

（1）按定量分类。定量在250g/m^{2}以下的称为纸，定量在250g/m^{2}以上的称为纸板。

（2）按厚度分类。厚度在0.1mm以下的称为纸，厚度在0.1mm以上的称为纸板。

（3）按纤维原料分类。根据纤维原料的不同，纸张通常分为植物纤维纸和非植物纤维纸两类。

（4）按制造方法分类。根据制造方法的不同，纸张通常分为手工纸和机械纸两类。

（5）按加工类型分类。根据加工类型的不同，纸张通常分为涂料纸和非涂料纸两大类。

（6）按用途分类。根据用途的不同，纸张可以分为以下几类：①文化印刷用纸，包括新闻纸、胶版纸、书写纸、铜版纸、字典纸、邮票纸、证券纸；②工农业技术用纸，包括描图纸、离型纸、碳素纸、压板纸、绝缘纸板、绘图纸、滤纸、照相原纸、感热纸、测温纸、坐标纸、无碳复写纸、电容器纸、墙纸、浸渍纸、地图纸、海图纸、复印纸、水松纸；③包装用纸，包括牛皮纸、牛皮卡纸、瓦楞原纸、水泥袋纸、纸袋纸、白板纸（白底、灰底）、防油纸、玻璃纸、复合纸（铝箔纸等）、白卡纸、羊皮纸、半透明纸；④生活用纸，包括卷烟纸、卫生纸、面巾纸、皱纹纸。

2. 纸张的规格

除少数纸张有特殊的要求外，一般对纸张的形式、尺寸、质量等均做了统一规定。

（1）形式。印刷用纸（除少数外）分为卷筒纸和平板纸 2 种，如图 1.22 和图 1.23 所示。

图 1.22 卷筒纸

图 1.23 平板纸

卷筒纸一般用在高速轮转印刷机上，主要用于报纸、书刊、标签、表格等的印刷。平板纸一般用在单张纸印刷机上，主要用于商品广告、书刊封面、宣传画和包装等的印刷。

（2）尺寸。平板纸的种类很多，其常用尺寸有 850mm×1 168mm（大开本）、787mm×1 092mm（小开本）、880mm×1 230mm、880mm×1 092mm、787mm×960mm、690mm×960mm 共 6 种。幅面尺寸（宽度 × 长度）误差不超过 ±1mm。印刷封面及较精致的画册，幅面尺寸（宽度 × 长度）误差应不超过 ±0.5mm。

卷筒纸宽度有 1 575mm、1 092mm、880mm、787mm 共 4 种，其宽度误差不超过 ±1mm。特定情况下也可定制。

（3）纸张常用开法。纸张常用开法有二分法和三分法两种，787mm×1 092mm 全张纸开数及其尺寸如图 1.24 所示。

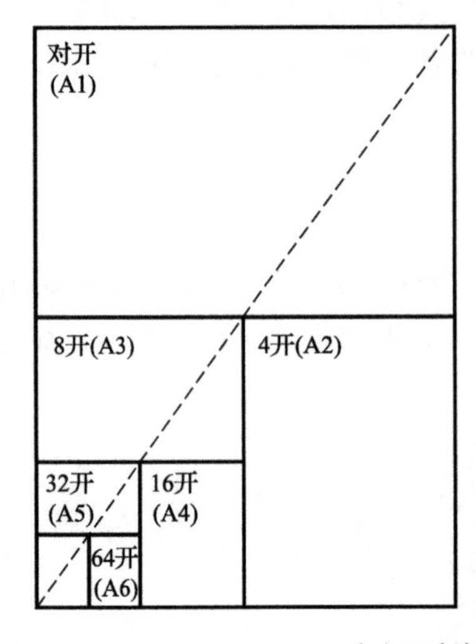

对开	546mm×787mm
4开	393mm×546mm
8开	273mm×393mm
16开	196mm×273mm
32开	136mm×196mm
64开	98mm×136mm

（a）二分法

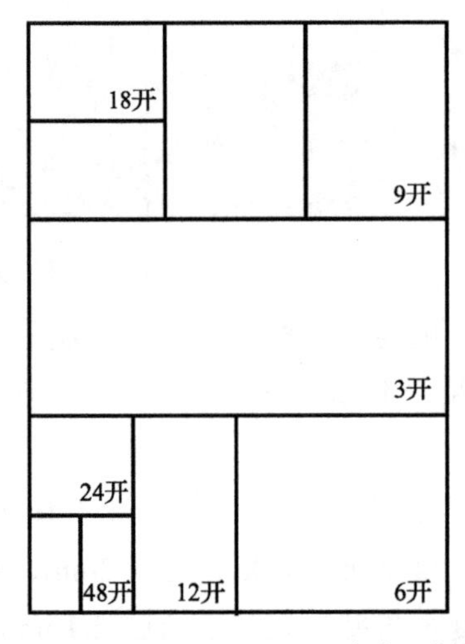

3开	364mm×787mm
6开	364mm×393mm
9开	262mm×364mm
12开	196mm×364mm
18开	182mm×262mm
24开	182mm×196mm
48开	98mm×182mm

（b）三分法

图 1.24　787mm×1 092mm 全张纸开数及其尺寸

三、用纸量的计算

1. 纸张的质量

纸张的质量用定量和令重表示。

（1）定量表示 1m^2 纸张的质量，单位为 g/m^2。

（2）令重表示每令纸张的总质量（500 张全开纸为 1 令）。令重根据纸张的面积和定量来计算，单位为 kg。计算公式如下：

$$令重=1张全张纸的面积\times 500\times 定量/1\,000$$

2. 书刊印刷用纸的计算

（1）书心用纸量的计算。要计算书刊印刷所需的用纸量，首先要计算印刷一册书的正文所需的印张数。印张是出版业计量出版物用纸的单位，1 张全开纸印刷两面（正面和背面）为 2 个印张。

$$印张=\frac{总页码}{开数}$$

书刊正文印刷用纸量，可按下列两种方法计算。

① 按开数计算：

$$用纸令数=页数\times 印数\div 开数\div 500$$

② 按印张计算：

$$用纸令数=印张\times 印数\div 1\,000$$

（2）加放数。为了弥补印刷过程中碎纸、套印不准、墨色深淡及污损等造成的纸张损耗，除要按书刊的印张数和印制册数计算出所需纸张的理论数量外，还必须考虑用以补偿纸张损耗的余量。这项余量称为加放数或伸放数，因为一般以理论用纸量的百分率表示，所以也称为加放率。

计算实际用纸量时，可将理论用纸量乘以系数，即“1+ 加放数”。例如，加放数为 3%，该系数为 (1+3%)=1.03。

【例 1.1】印刷某书刊的理论用纸量为 50 令，加放数为 3.5%，计算该书刊实际用纸量。

解：50 令 +50 令 ×3.5%=50 令 ×(1+3.5%)=50 令 ×1.035=51.75 令。

（3）封面等的用纸量计算。一般有以下两种情况。

① 无勒口的书刊示意图如图 1.25 所示。若书脊宽度在 7mm 以下，并且印制封面用的纸张与正文用纸虽品种不同，但规格相同，封面纸的开数便为书刊开数的 1/2（即 2 倍大，如 32 开的书刊需用 16 开的封面纸）。

② 若书脊超过 7mm 或有勒口（图 1.26），或者封面用纸与正文纸的规格大小不同，都应先计算确定封面纸的大小，然后按照封面纸的规格计算一张全张纸可开成多少个封面，以此来确定封面纸的开数。

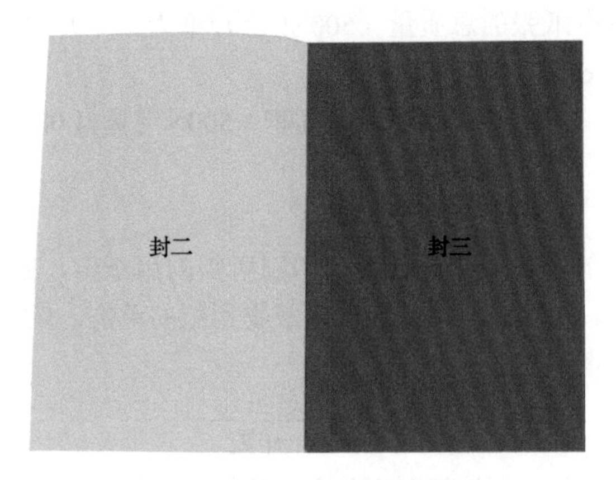

图 1.25　无勒口的书刊示意图

图 1.26　有勒口的书刊示意图

【例 1.2】 采用 787mm×1 092mm 的全张纸为 32 开本的书刊（幅面净尺寸为 130mm×184mm）制作封面，若书脊宽 10mm，勒口宽 40mm，则封面纸的开数是多少？

解：封面纸的净尺寸应为 350（130×2+10+40×2）mm×184mm，也用相同规格的纸张开切，能够开切出 12 张封面。

纸的长边除以封面的长边：1 092÷350 ≈ 3（张）。

纸的短边除以封面的短边：787÷184 ≈ 4（张）。

其开数便是 3×4=12（开）。

开切封面时，不一定是“长除长”“短除短”，也可以是“长除短”“短除长”，或者用其他开切法。

练习与测试

一、简答题

1．简述测定纸张抗张强度的原理及方法。

2．简述测定纸张耐折度的原理及方法。

3．简述测定纸张白度的原理及方法。

二、计算题

1．要印刷16开本的书刊3 000册，正文有368面，另有前言2面、目录2面、附录10面、后记1面（背白），其正文用纸令数为多少？若加放数为3%，则其实际用纸量是多少？

2．书刊开本为32开，书脊宽6mm，采用787mm×1 092mm规格的铜版纸印制封面，共需印100 000册，加放数为3%，计算该书的封面用纸令数。

项目二　纸张的适性调节

背　景

纸张的主要成分是纤维，纤维的结构是线性高分子化合物，且带有大量的亲水羟基，所以纸张在胶印中表现出两大形变：第一大形变主要是加压形变，纤维属于线性高分子化合物，其表现的柔弹性在印刷中易产生加压形变；第二大形变主要是吸湿形变，纤维上带亲水羟基，纸张遇到润版液后易产生吸湿形变。因为这两大形变往往造成胶印的套印不准，所以在印刷前必须对纸张进行印刷适性的处理。

能力训练

任务一　纸张含水量的检测

（一）任务解读

纸张含水量是指纸张中所含水分的质量与该纸张总质量之比，用百分比表示。一般印刷纸的含水量在 4% ～ 8%，1 t 纸中有 40 ～ 80kg 的水。

（二）设备、材料和工具

电子天平，纸样，马弗炉，干燥器。

（三）课堂组织

学生 5 人为 1 组，实行组长负责制。当纸张含水量测定结束时，教师对学生的操作步骤及结果进行点评；现场按评分标准评分，并记录在实训报告上。

（四）操作步骤

将按规定选取、制备并称重的纸样放入已烘干至恒重的容器中，打开容器的盖子，放入 (105±2)℃的烘箱中烘干。烘干结束后，应在烘箱内将盛放纸样的容器盖好，然后移入干燥器中，冷却 30min 后称重。重复上述操作，直到两次称量相差不大于原纸样重的 0.1% 时，为恒重，按式（2.1）计算含水量：

$$X = \frac{m_1 - m_2}{m_1} \times 100\% \tag{2.1}$$

式中，X——纸及纸板的含水量，%；

m_1——烘干前的纸样质量，g；

m_2——烘干后的纸样质量，g。

任务二　纸张加压变形的印前适性处理

（一）任务解读

纸张具有弹塑性，受到一定的压力后会略微压缩，撤出外力后，能恢复到原来状态或保持在受压作用时的压力状态。

所谓弹性是指纸张受到的压力较小，在撤出外力后，纸张立刻恢复到原来的形状，也称为敏弹性。在撤出外力后，纸张慢慢恢复到原来的形状称为滞弹性。纸张的弹性对压力起缓冲调节作用，弹性好的纸张可以降低对纸张平滑度及印版图文表面不平整度的要求，印出的图文清晰度有所提高。

所谓塑性是指当纸张受到压力并增加到一定数值后，撤出压力，纸张不能完全恢复原来的形状。

纸张的弹、塑性易造成印刷的套印不准，为了克服纸张所产生的加压形变，印刷前必须对纸张进行印刷适性处理。

（二）设备、材料和工具

操作台，印刷用纸张。

（三）课堂组织

学生 5 人为 1 组，实行组长负责制。当抖纸、理纸、敲纸结束时，教师对学生的操作步骤及方法进行点评；现场按评分标准评分，并记录在实训报告上。

（四）操作步骤

1. 抖纸

对于单张纸印刷来说，印刷前的抖纸过程不可避免，其目的是消除纸张静电、粘连现象，使印刷时纸张便于分离，减少双张、多张情况。印刷过程一般采用人工抖纸，其操作过程大致如下：印刷工人从纸堆取出定量的纸，然后进行抖松操作（图 2.1 ～图 2.3）。纸张抖好后，工人将其进行堆放，达到一定数量后，搬至印刷机的收纸台上。目前胶印机的印刷速度越来越快，印刷工人的抖纸工作量也越来越大。

图 2.1　手捏纸张向中间弯曲并错开纸张，让空气进入纸张间隙，以松纸，实现抖纸

图 2.2　手握纸张上提，让空气进入纸张间隙

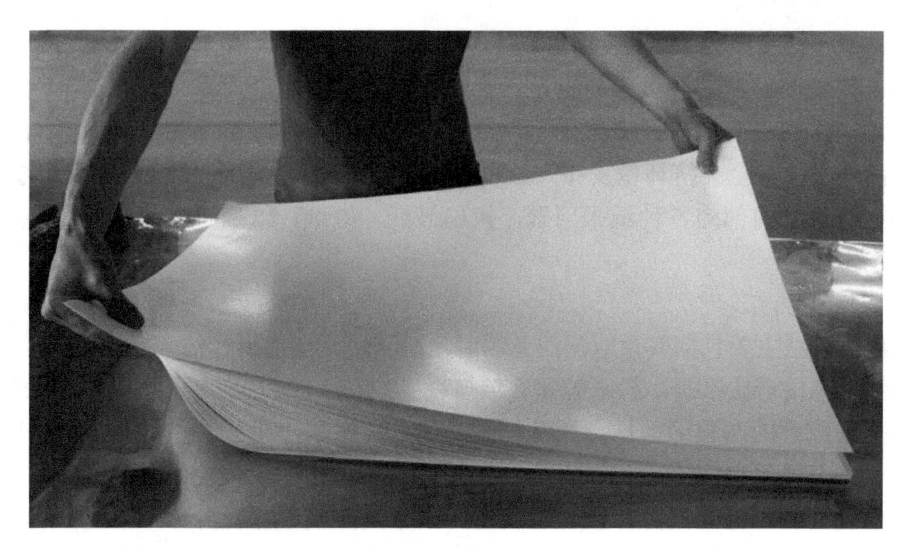

图 2.3　手在对角线方向向上提纸，让空气进入纸张间隙

2. 理纸

单张纸在印刷前，要将白纸或半成品纸整齐地堆放在输纸台上。在堆放之前，对白纸或半成品纸进行适当的处理——理纸，就显得非常必要。

1）理纸的作用

（1）理齐纸叠四边。纸叠四边不齐，会严重影响输纸的流畅性，导致停机，降低生产效率；造成前规、侧规定位不准，直接影响印刷的套准，降低印刷产品的质量。印刷前，将纸叠四边理齐，可以大大降低以上故障的发生概率。

（2）理松纸叠，减弱静电。理松纸叠也称透纸，就是抖松纸叠，降低纸叠内部与外部的空气压差，以减轻分纸吹嘴、送纸吸嘴、分送纸张的工作负担，确保输纸顺畅。纸张在高速输送的过程中，与下方纸叠产生的摩擦力会引起静电，导致印刷产品的各种问题出现。理松纸叠，可以使纸叠之间产生一定的间隙，从而在输纸的过程中减小纸张之间的摩擦力，进而减弱静电。

（3）分清纸张的正反面。纸张的两面性对印刷品质量影响很大。纸张两面平滑度和施胶度的差别，会造成纸张两面对油墨的接受性和吸收性不同。当纸张两面吸收性差别较大时，印刷品两面墨迹深浅不一，甚至会发生透印故障。纸张的正面平滑度较高，着墨效果较好，但表面强度较反面低，在印刷中易出现拉毛现象；相反，纸张的反面较粗糙，着墨效果较正面差，但表面强度高，在印刷中不易出现拉毛现象。所以在实际印刷的过程中，理纸前一定要分清纸张的正反面，根据产品的需要，正确选择纸张的正反面进行印刷。

（4）检查纸叠中的皱纸、破纸及纸屑。皱纸、破纸在飞达和前规处易造成停机故障，即使进入印刷单元，最终出来的也是不合格产品，浪费生产成本；纸屑及其他杂质进入印刷滚筒之间，会粘在橡皮布表面，造成橡皮滚筒和压印滚筒间的压力不均，不但影响产品质量，甚至会挤坏橡皮布，给机器设备造成严重损伤。所以在理纸的过程中，要仔细检查纸叠内部的各种纸张问题，挑出皱纸、破纸、纸屑等其他杂质，避免以上问题的发生。

2）理纸的方法

理纸的方法主要包括底角对辗法、两对角对辗法、自由滑行法。

理纸首先要透松纸叠，松纸时每叠纸厚度掌握在 3 cm 左右。具体操作方法是：两手分别捏住纸叠的两角，大拇指压在纸叠上面，食指和中指按住纸叠下面，同时用适当的力使纸叠往里挤挪，该力与大拇指往外搓的力正好相反，使纸叠上紧下松，这样纸张之间便产生一定的间隙，此时空气进入纸张间隙使纸叠松开。双手之间有节奏地松紧两边纸角，达到松开纸张的效果。然后双手将纸叠两边角竖直提起，使纸中间呈弯弧状以利于空气进入纸与纸之间，随即将纸叠往上提，离开桌面少许，然后松开双手，让纸叠下落，撞齐纸边。经过若干次的上提、松开、下落，直至将纸叠的叼口边和侧规边理齐后，装入输纸台，并撞齐。

3）理纸的注意事项

（1）理纸时，双手干净，不能弄污纸张。

（2）理纸时，一定要保护好叼口边和侧规边，不能让这两条边受到冲击而卷曲。

（3）上纸要上得平，堆得齐，堆得准。

（4）在已理齐的纸堆上进行松纸、理齐操作时，不应影响下面已放齐的纸堆。

3. 敲纸

当纸质柔软、纸边卷曲时，应对纸边进行敲勒，以提高纸的挺度，确保输纸顺畅。敲纸时，要根据纸张的平整度和挺度状况，掌握敲勒的方式。纸质较薄、较软时，敲痕的间距要大些；反之，则小些。按照纸的厚薄，每次敲纸的叠厚掌握在 1 ～ 3cm。对纸边往上翘或往下卷的，要往其相反的面敲勒。敲痕的间距要基本相等，呈扇形排列，使侧规边和叼口边具有一定的挺度和应力。对纸质较硬的铜版纸、白板纸、玻璃卡纸等，不能采用敲勒的方法，否则会破坏纤维组织，影响纸张外观质量。这类纸张若出现卷曲，应采用上揉或下揉的方法，使纸边恢复印刷所需的平直度和平整度。

敲纸的手法如图 2.4 所示。

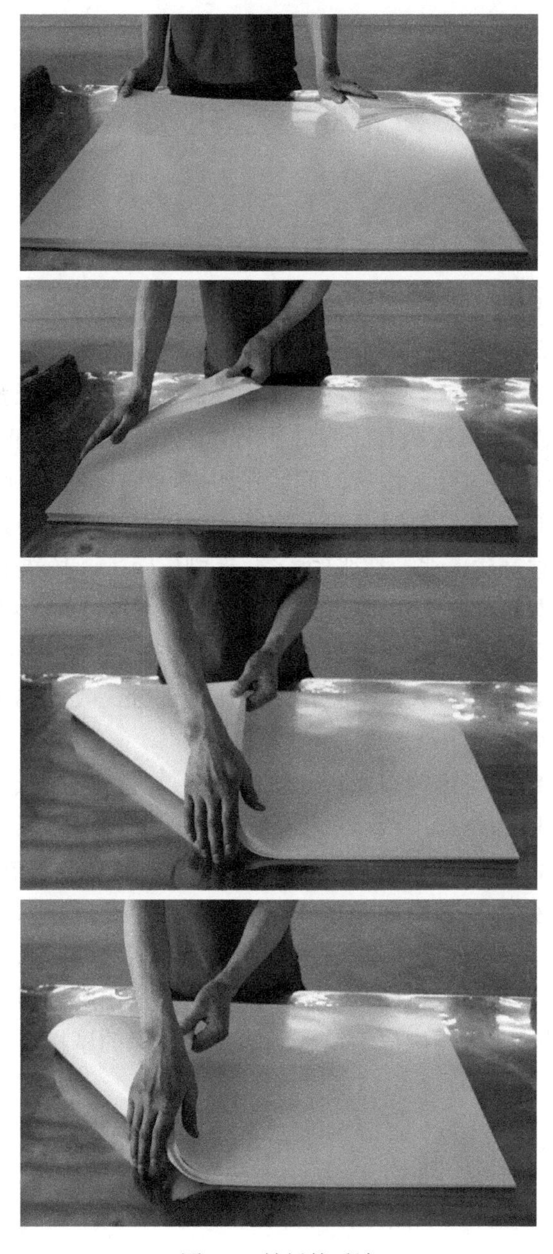

图 2.4　敲纸的手法

4. 走空纸

走空纸是指将纸张输送到只有润版液但没有上墨的印刷机中，放置几天再印刷。此方法适合精度要求高的印刷品。

任务三　纸张带静电的印前适性处理

（一）任务解读

纸张含水量对印刷有很大影响，含水量太少的纸张硬而脆、无弹性，纸张的力学性能下降，而且会在印刷机上产生过多的静电。

印刷纸张一旦带静电，就会给印刷带来很多麻烦。首先是纸张无法撞齐。在静电作用下，纸张与纸张之间牢牢吸住、参差不齐，空气难以进入纸张之间，要想撞齐，有时需要一张一张地用手拉开，浪费时间。在印刷过程中，静电吸引使单张纸之间牢牢地粘贴在一起，有时 2 张，有时几张，有时一沓纸分不开，导致分纸吸嘴吸不起纸张。毛刷压重了，往往产生断张、空张的情况;毛刷压轻了，又产生双张、多张的情况。多张纸进入橡皮滚筒与压印滚筒之间，会造成闷车，压坏橡皮布及衬垫。带静电的纸张，在输纸台向前输送时不流畅，到达前规处歪斜不正、定位不准，导致第二次套印无法套准，产品质量低劣，浪费极大。即使走过了压印部分，收纸也不齐，给第二次整纸带来很大的麻烦，严重影响生产速度。

纸张带静电与造纸有一定的关系。一般情况下，出厂时原纸带电的较少，铜版纸带电的概率也不大。因为印刷用纸（白板纸、卡纸等）及铜版纸是在原纸的基础上进行再加工，即使原纸已带电，再加工过程中也会消除。一般定量在 $80g/m^2$ 以下的纸张带静电偏多，但是纸张上机印刷前静电并不明显，往往经过压印后静电才会骤增。在胶印过程中由于有水，一般经过印刷后静电并不多见。对胶印来讲，静电主要产生在印刷之前，其原因主要是摩擦生电。不少物体带电都是由摩擦引起的，造纸时纸张与压光机的摩擦，印刷时纸张与橡皮滚筒、压印滚筒之间的摩擦，都是产生静电的重要因素。

（二）设备、材料和工具

加湿器，静电消除器，印刷用纸张，操作台。

（三）课堂组织

学生 5 人为 1 组，实行组长负责制。当静电处理结束时，教师对学生的操作步骤及效果进行点评；现场按评分标准评分，并记录在实训报告上。

（四）操作步骤

1. 库存法

纸张进入印刷厂入库后，存放时间应适当长一些，存放地点应与印刷车间连通，以温度为 18 ～ 25℃、相对湿度为 60% ～ 70% 为佳。印刷车间的温度、相对湿度应与纸库一致，这样有利于改变纸张含水量。纸张含水量的改变就是一个释放静电的过程。

2. 晾纸法（加湿法）

晾纸法（加湿法）主要利用调整相对湿度的方法来消除静电。当车间里的相对湿度小于 50% 时，印刷或制版过程中容易产生很高的静电，增加车间的相对湿度和纸张含水量，特别是在晾纸时增加室内相对湿度，对消除静电很有效。晾纸法（加湿法）的操作过程如下：用调湿设备增加室内相对湿度，没有调湿设备时可在地面洒上足够的水。调湿设备主要是加湿器，可在车间的天花板或墙壁上安装离心式自动加湿器。当室内相对湿度没有达到要求时，加湿器就能自动喷出雾状水汽，增加室内的相对湿度；待室内相对湿度达到要求后，自动停止喷雾。

3. 静电消除器法

静电消除器法是利用静电消除器产生的离子去中和带电体上的电荷，以达到消除静电目的的方法。静电消除器有 3 种类型：一是外施电压式静电消除器，即给针状或细线状电极外部施加高电压，发生电晕放电，产生离子，一般印刷机上用的晶体管静电消除器就属此类；二是自放电式静电消除器，即把导电纤维、导电橡皮或导电金属材料等做成针状或细线状电极，并很好地接地，利用带电体本身的电场产生电晕放电，生成离子，中和带电体上的电荷；三是放射性元素静电器消除器，利用放射性同位素的电离作用，即电离空气生成离子，中和带电体上的静电。输纸时开启静电消除器即可进行静电消除。静电消除器如图 2.5 所示。

图 2.5　静电消除器

4. 抗静电剂法

抗静电剂法又称为静电消除剂法或除电剂法，其原理是给予纸、薄膜等带电体表面吸湿性离子，使其具有亲水性，吸收空气中的水分，减小电阻，增加导电性，使静电荷不容易积蓄。抗静电剂是一种表面活性剂，有亲水基和疏水基，或称极性基和非极性基。亲水基对水等极性较大的物质亲和性强，疏水基对油类等极性较小的物质亲和性强。抗静电剂在印刷中应用广泛，如用抗静电剂制作防止静电的软质胶辊等。

5. 工艺操作法

在印刷过程中可以在收纸部分加上潮湿的毛巾，即将蘸水的毛巾固定在拉杆上，使纸张与潮湿的毛巾接触而消除静电。这是可以临时消除静电的有效办法，缺点是要经常打湿毛巾。

知识拓展

一、纸张含水量及其变化引起的故障

如果纸张含水量过高，同样会造成力学性能和吸墨能力下降，影响油墨干燥。纸张含水量的变化对纸的各种性质影响较大，随着含水量的变化，纸的定量、抗张强度、耐破强度、耐折度等都会发生变化，如图 2.6 所示；随着含水量的变化，纸的尺寸将发生伸缩，有时还会发生卷曲、翘边、起皱等现象。

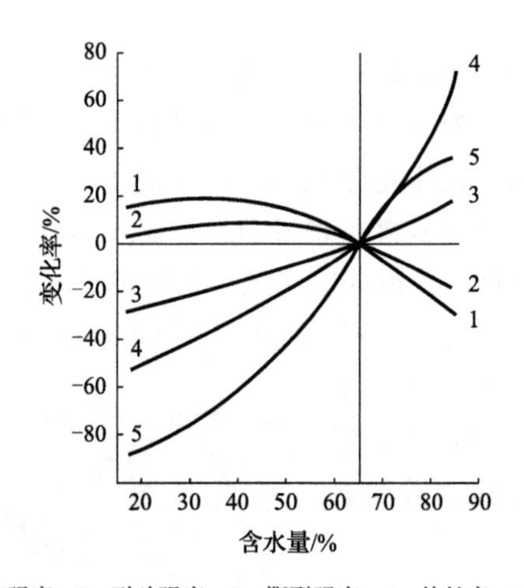

1—抗张强度；2—耐破强度；3—撕裂强度；4—伸长度；5—耐折度。

图 2.6　含水量变化对纸张强度的影响

1. 纸张的含水量

1）纸张纤维自身的水分

由于纤维素分子链上有羟基（—OH）存在，能与氢键进行结合，故在纤维素中链状的分子内以 H—O—H 形式存在。纤维素所处的三维空间内均有—OH，每一层纤维间建立起网状的联结，形成纸张，也形成了纸张中自身的水。

2）植物纤维素产生的水分

植物纤维素中含有大量的—OH，它是一种亲水性基团，可以从外界吸收水分，所以纸是一种吸湿材料。纸张在存放中吸湿还是解湿，主要取决于纸张本身的含水量和存放环境的相对湿度。

3）平衡水分

当纸张与一定状态的空气接触后，将释出或吸入水分，最终达到恒定的含水量，称为平衡水分。各种纸张在不同的相对湿度下，都有其相应的平衡水分；同样，在同一相对湿度下，不同的纸张由于纸质不同，平衡水分也不同。

2. 纸张含水量变化规律

（1）纸张的平衡水分在一定相对湿度下，随着外界温度的增加而减少，近似成直线关系。图 2.7 所示为相对湿度在 45%，温度从 18℃升至 43℃，胶版印刷纸平衡水分的变化情况。

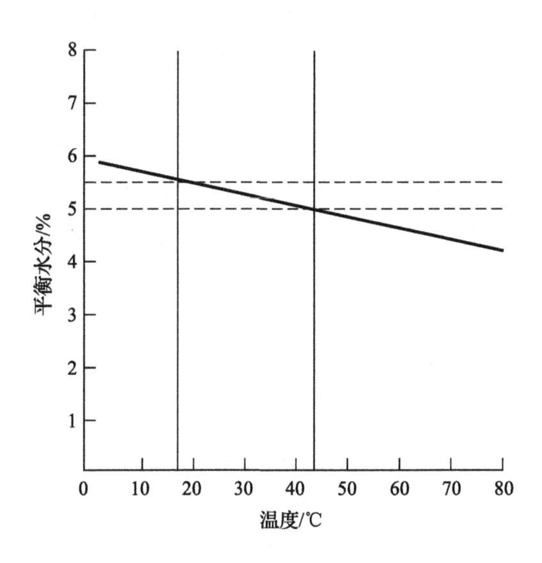

图 2.7　温度与纸张平衡水分的关系（相对湿度固定：45%）

一般规律：在相对湿度固定时，外界温度每变化 ±5℃，纸张含水量的变化为 ±0.15%。在套印过程中，希望纸的含水量变化不大于 ±0.1%，否则会影响套印的准确性。因此，大型彩印车间在控制相对湿度的同时，必须控制好温度，使温度的变化不大于

±3℃。

（2）纸张的平衡水分随着空气相对湿度的增加而增加，解湿和吸湿的变化曲线形式类似于S形，如图2.8所示。从图中可以看出，在高相对湿度条件下，较小的相对湿度变化就会引起纸张较大的含水量变化；在低相对湿度条件下，也有类似的情况；在中相对湿度条件下，相对湿度的变化对纸张含水量的变化率不太敏感。由此得出结论：印刷在中相对湿度的条件下进行是比较适宜的，此时纸张含水量的变化率较小。

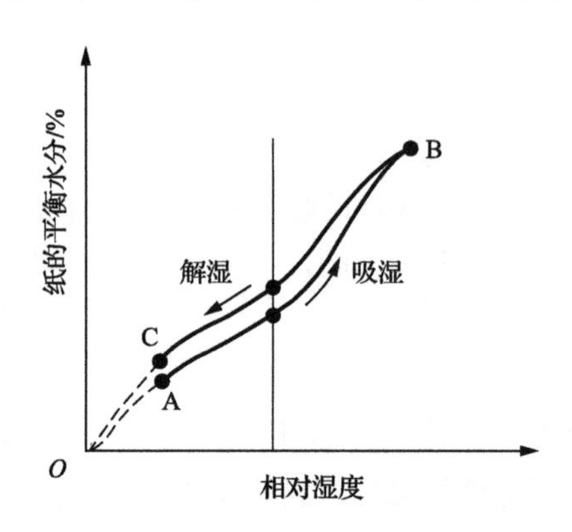

图2.8 相对湿度与纸张平衡水分的关系

（3）空气的相对湿度变化时，纸张含水量的变化曲线随之改变。图2.8中曲线A是吸湿过程中相对湿度与含水量的关系曲线，曲线B为解湿过程中相对湿度与含水量的关系曲线。纸张在吸湿和解湿过程中含水量的变化曲线是不重合的。若在图2.8中做一条与纸张含水量坐标平行的等相对湿度直线，则此直线与吸湿曲线和解湿曲线分别有一个交点，与吸湿曲线的交点所指示的含水量低，与解湿曲线的交点所指示的含水量高。因此，纸张在一定相对湿度下达到平衡水分与不同的路径（吸湿或解湿）有关。

纸张在一定相对湿度下由低含水量吸湿而达到平衡时的含水量比在同样相对湿度下由高含水量解湿而达到平衡时含水量低，这种现象称为纸张的滞后效应。

（4）纸张经过解湿或吸湿达到平衡水分的时间不同。一般来说，解湿速度比吸湿速度慢得多。纸张的吸湿速度比解湿速度快1倍以上，不过，不论是吸湿还是解湿，开始时的速度都比较快，越接近平衡水分就越慢，要想达到完全平衡，需要较长的时间。另外，吸湿和解湿速度都受纸质的影响，疏松的纸吸湿和解湿都比紧度大的纸要快，并且吸湿和解湿速度与环境有关。

胶印中纸张的含水量变化引起的印刷故障主要是套印不准，其次是产生印刷皱褶。

发生套印不准的原因各种各样，有的与纸张的吸湿变形无关，有的与纸张的吸湿变形有关。与纸张的吸湿变形无关而发生的套印不准，往往是印刷机性能和精度不良或纸张本身尺寸不合格造成的。下面主要讨论与纸张吸湿变形有关的印刷故障。

3. 纸张吸湿变形引起的印刷故障及处理

1）印刷故障

（1）印刷皱褶。胶印纸张出现皱褶是经常发生的一种故障，此故障不仅会使印刷机不能正常运转，延误工期，还会严重影响印刷质量，甚至造成废品。出现这一故障的主要原因是，在吸湿与挥发过程中，纸张膨胀或收缩，从而发生变形。纸张吸湿膨胀会产生荷叶边（波浪形卷曲），纸张挥发水分会产生紧边。

① 荷叶边。纸张本身含水量较小，但纸库或印刷车间相对湿度很高，使纸张四边吸湿伸长，纸张中间部分仍然保持原状。当纸张四边含水量大于中间部分时，则出现荷叶边，即顺纸张纤维纵向的两边隆起呈波浪状，如图 2.9（a）所示。这种纸张在受到滚筒挤压时，波浪严重将会产生皱褶，波浪轻微将会使纸张尾部横向图文伸长。此皱褶特征在纸张尾部且在两边居多。

② 紧边。当纸张长期存放在温度较高且相对湿度较低的纸库或印刷车间中，纸张四边的含水量小于中间部分时，纸张四边会缩短翘起出现紧边，如图 2.9（b）所示。这种紧边的纸张在受到滚筒挤压时向前展开，如果这种展开不能完全被吸收，就会发生皱褶或纸张尾部横向图文缩短的现象。它的特征是皱褶不会波及纸张的边缘，而只发生在中间部位，其皱褶的始端在叼口附近，末端达不到纸张尾部。

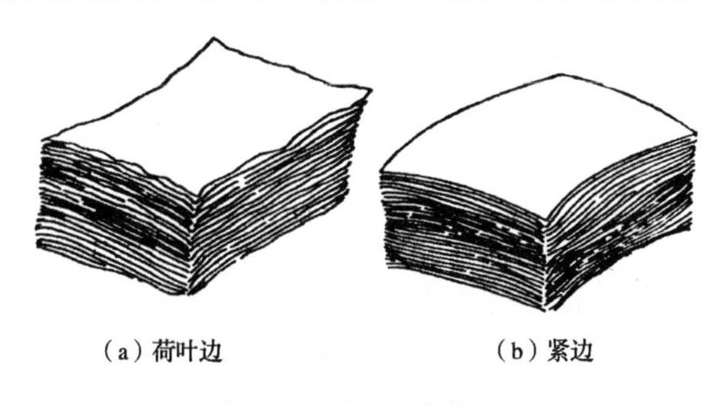

（a）荷叶边　　（b）紧边

图 2.9　一些不正常的纸相

（2）版面水分过大。在实际印刷过程中应尽量控制印版版面水分，如果版面水分较多，则会使橡皮滚筒表面水分越积越多，甚至会使橡皮滚筒与压印滚筒层部出现较多水珠。在这种情况下印刷，印品吸水含量增多，使纸张表面强度降低而变形，形成四角上翘或下翘，这样的印品在进行第二次印刷时，就会因纸角上翘或下翘使叼纸牙叼不住纸而产生皱褶现象。含水量过高引起的皱褶在印品层部，而叼不住纸引起的皱褶是在叼不住处呈歪斜状，并且皱褶较大。其次是纸张上翘或下翘，使侧拉规拉纸定位受阻而产生拱起的凸包，在这种情况下印刷，就会产生皱褶或套合不准现象。

2）故障处理

这里主要介绍因纸张紧边与荷叶边而产生的皱褶在印刷前进行处理的方法。

（1）进行调湿处理，视具体情况进行热干燥或加湿处理，这样荷叶边会挥发水分，紧边会缓缓吸湿，使纸张含水量趋于平衡，荷叶边或紧边也渐渐消失，将其温湿度调整到印刷车间的温湿度。

（2）用红外线辐射来消除荷叶边。

（3）纸张吸湿、解湿是非常迅速的，一般在20min之内就会完成吸湿和解湿过程，因此调湿后的纸张应及时裁切、印刷。

（4）采用人工打活折增加纸张强度的方法解决。

（5）皱褶不严重时，将橡皮布衬垫纸的层部用剪刀剪些小口也可收到效果（但不能剪掉太多，不然会影响印迹）。

（6）处理好的纸张及半成品，应用防潮布盖好并压上木板，避免纸边因受空气相对湿度变化的影响而发生变化。

（7）印刷车间温度应尽量控制在18～24℃，相对湿度应保持在55%～65%，纸张的含水量应为5.5%～6%，杜绝印刷车间门窗大开。

综上所述，造成纸张皱褶的因素较多，在印刷过程中如果发现皱褶，应根据皱褶的特征，明确故障原因，然后及时、准确地进行排除，并且把皱褶的原因、解决的方法及结果进行记录、分析和总结，不断从中找出规律，用来指导生产。这样，才能及时、有效地消除皱褶，保证印品质量，降低纸张消耗，缩短印刷周期，提高经济效益。

二、纸张印前的调湿处理

1. 纸张调湿的定义及目的

在印刷之前要对纸张进行调湿处理。所谓纸张的调湿，就是在印刷前将纸张吊晾在晾纸间或调湿室，经过一段时间，使纸张达到或接近印刷车间温湿度条件下的平衡水分。

调湿的目的是使纸张的含水量与印刷车间的温湿度相适应，以便印刷过程中纸张的含水量基本不再发生变化，保持相对稳定。同时使纸张对环境温湿度变化的敏感程度降低，纠正纸张变形，提高纸张的尺寸稳定性。

2. 纸张调湿的方法

纸张调湿的方法有两种：一种是自然调湿法；另一种是强制调湿法。

（1）自然调湿法，即用吊钩将叠好的纸吊挂起来，经过2d左右使纸的湿度与室内湿度趋于平衡。在实际应用时纸张吸湿的情况更多，直接在印刷车间进行调湿处理的基本上应用的都是自然调湿法。

（2）强制调湿法，是在调湿机内把纸吊起来，用比室内高的温湿度，在较短的时间内（几十分钟到几小时）调湿完毕。这种方法可能使纸张在调湿机内还未达到平衡水分，但已达到或超过印刷车间条件下的平衡水分，所以调湿时间大大缩短。同时，这种调湿方法可使调湿机内湿度反复变化，从而使纸张随着调湿机内湿度的变化而反复伸缩，从而使纸张的尺寸稳定性逐步得到改善，对相对湿度和含水量的变化不再敏感。这是由于滞后效应造成的现象，在滞后的限度以内，纸张在从较低到较高的曲线上重新调整其平衡水分。

尽管调湿的方法从大的方面来分仅有上述两种，但具体调湿方法和调湿过程却是各式各样的。为了探讨调湿的最佳方案，本书引用了国外专家的研究结果，并结合有关理论对经过不同调湿处理的纸张在多色胶印中含水量的变化进行了分析，其结果如图2.10所示。

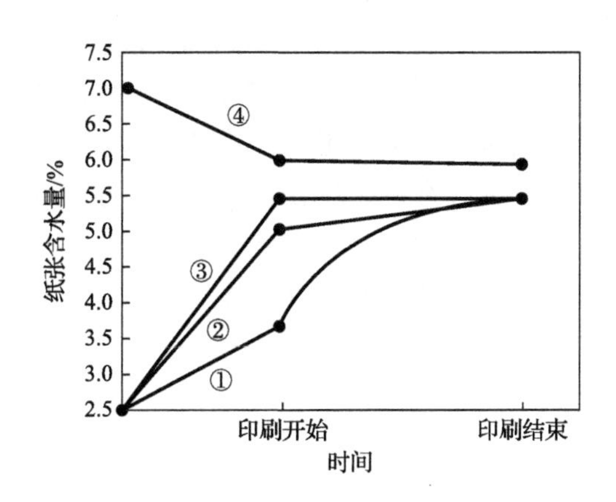

图2.10　纸张在印刷机上的含水量变化（车间固定相对湿度为45%）

从图中可以看出，印刷车间的相对湿度为45%，试验用纸在未经调湿处理以前测得的含水量为2.5%。如果将未经调湿处理的纸张直接进行多色胶印，其含水量的变化如曲线①所示。由于车间的相对湿度较高，纸张在车间开始印刷前吸湿，含水量达到3.5%左右，印刷开始后，由于润版液的作用，每印一色，纸张的含水量就增加一次，相应地，每印一色，纸张尺寸都有伸长，这样就增大了套印不准的可能性。

曲线②表示的是在与印刷车间相同温湿度的调湿间或直接在印刷车间内进行吊晾处理后的纸张，在多色胶印过程中纸张含水量的变化情况。因纸张含水量与印刷车间湿度平衡，纸张在车间开始印刷前含水量不再变化，但在印刷过程中含水量有所增加，相应地，纸张尺寸也会有变化，只不过变化率要比曲线①所示的情况低得多。

曲线③表示的是在比印刷车间相对湿度（45%）高 8% 的晾纸间（即相对湿度为 53%）进行吊晾后的纸张，在印刷过程中纸张含水量的变化情况。尽管纸张含水量比在相对湿度为 45% 印刷车间时的平衡水分高，但因滞后效应的作用，纸张在车间到印刷开始前含水量不变；在多次印刷过程中，纸张的含水量也基本不变，从而使纸张尺寸比较稳定。

曲线④表示的是在相对湿度为 65% 的环境下调湿过、其含水量为 7% 的纸张，再置于比印刷车间的相对湿度高 8% 的晾纸间（即 53%）进行吊晾后，在多色胶印过程中纸张含水量的变化情况。因为纸张含水量高，所以在第二次调湿和印刷前均有解湿现象，使纸张的含水量有所下降。在印刷过程中，含水量的稳定性很好，确保了纸张在印刷中不发生伸缩。

从对以上 4 条曲线的分析可以看出，曲线③、曲线④表明的两种情况在印刷过程中含水量基本不变，因而能使纸张尺寸稳定。这是因为纸张在高出印刷车间的相对湿度下晾纸，使其含水量较高。这种含水量比车间相对湿度高的纸张，在印刷时将向空气中散失一部分水分，又在胶印过程中吸收一部分润版液。因为两部分含水量变化都不大，得失相抵，纸张含水量的变化基本处于滞后效应的范围以内，所以印刷中纸的含水量基本不变，尺寸比较稳定，不发生套印不准的故障。

可见，按习惯采用曲线②所示的调湿方法是不够理想的。因此，如何进行调湿处理，使纸张在印刷过程中含水量的变化和尺寸稳定性达到最佳，从而探索出各种不同含水量的纸张在不同相对湿度车间使用的最佳调湿方案，是一个关键问题。

任务四　废弃纸张的处理（资源化利用）

（一）任务解读

了解绿色印刷材料检测及印刷行业废弃纸张资源化利用的途径，熟悉废纸脱墨的方法，理解废纸脱墨制浆造纸的工艺流程。综合运用所学的知识完成印刷材料检测及印刷生产过程中废弃纸张的资源化利用，帮助学生树立绿色环保的意识，培养学生的团队协作与沟通能力，以及细心、耐心的工作态度，培养学生的学习兴趣，获得任务完成后的成就感，培养自信心和职业素养。

1. 基本能力训练

对绿色印刷材料检测及印刷过程中产生的废弃纸张进行收集、分类、打包、外售等操作，实现废弃纸张的分类回收。

2. 提升能力训练

对绿色印刷材料检测及印刷过程中产生的废弃纸张进行收集、分类、整理，巧用废纸，演绎灵感与创意交汇的精美纸艺作品（图 2.11），延长纸张的生命周期，拓展纸张的生命外延。

图 2.11 精美的纸艺作品

3. 拓展能力训练

对绿色印刷材料检测及印刷过程中产生的废弃纸张进行收集、分类、整理，对废纸浆进行碎解（图 2.12），制作脱墨废纸浆抄片（图 2.13），实现废纸的再生。

图 2.12 废纸浆的碎解

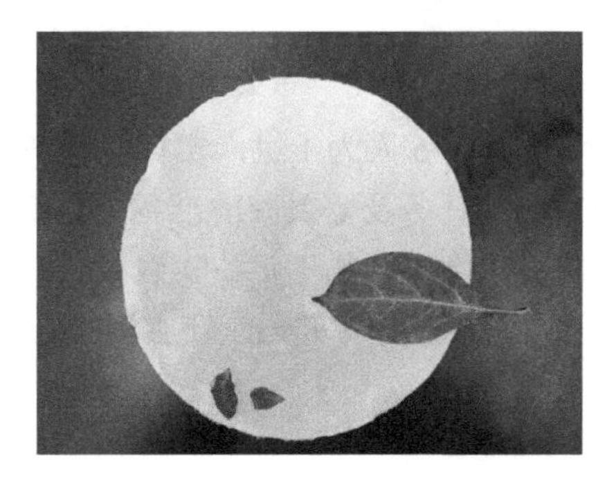

图 2.13 脱墨废纸浆抄片

（二）设备、材料和工具

水力碎浆机（图 2.14）、浮选脱墨器（图 2.15）、打浆机（图 2.16）、抄片器（图 2.17）、纸页干燥器（图 2.18），脱墨化学品，分类收集箱，标签纸，剪刀，胶水，胶布。

图 2.14 水力碎浆机

图 2.15 浮选脱墨器

图 2.16 打浆机

图 2.17 抄片器

图 2.18 纸页干燥器

（三）课堂组织

学生 3 ～ 5 人为 1 组，实行组长负责制。上课之前，教师为每组组长说明实践中需要完成的任务及需要做的准备，包括项目工作过程考核指标，评分方法（考核表）、项目实施方案、现场笔记。实践结束时，教师对学生的操作步骤及效果进行点评；现场按评分标准评分，并记录在实训报告上。

（四）操作步骤

1. 基本能力训练

按照《废纸分类等级规范》（SB/T 11058—2013）实现废弃纸张的分类回收。

2. 提升能力训练

巧用废弃纸张，结合美学艺术，将灵感与创意交汇，制作精美的纸艺作品。例如，使用废纸制作玫瑰花等。

3. 拓展能力训练

（1）查阅资料，设计废纸脱墨制浆、抄片的方案，共同优化、确定实验流程及各个工序的实验工艺条件。

（2）使用脱墨化学品和水力碎浆机碎解废纸。

（3）使用脱墨化学品和浮选脱墨器对废纸中的油墨粒子进行分离。

（4）使用漂白剂提高废纸浆白度。

（5）利用打浆机疏解废纸浆并进行适度打浆。

（6）加入适当的抄纸助剂调配浆料。

（7）使用抄片器将调制好的废纸浆进行手抄片，可结合自然的其他元素抄造唯美的花草纸，最终完成废弃纸张的再生。

知识拓展

一、废纸的分类

废纸的分类对废纸的收集、处理有着直接的影响。对于来源不同的废纸，其纤维种类、成分及性能也不同，对废纸进行分类，可以达到分级使用、物尽其用的目的。废纸的分类一般按废纸的来源和废纸纤维的种类进行，世界各国关于废纸分类的方法和标准各不相同。

1. 我国废纸的分类

1）《废纸分类等级规范》（SB/T 11058—2013）

由中国再生资源回收利用协会起草，于 2014 年 12 月 1 日开始实施的《废纸分类等级规范》（SB/T 11058—2013），根据废纸的来源和用途，将废纸划分为 8 类 25 个品级：废纸箱、废报纸、废书刊杂志、废牛皮纸、废卡纸、废铜版纸、废页子纸、特种废纸，并按照不合格废纸含量、禁物含量、水分含量的不同对每一类废纸又进行了 2 ～ 4 个等级的划分，其依据目前市场实际交易习惯为基础制定，同时高于交易标准，可操作性强。

（1）废纸箱。使用过的各种瓦楞纸箱、纸盒及纸箱厂的边角料等。

（2）废报纸。使用过的不带涂层的报纸，过期未发售的报纸。

（3）废铜版纸。使用过的双涂面的挂历、张贴画、杂志书籍的封面、插图、美术图书、画报、画册、手提袋、标贴及印刷厂的铜版纸切边、铜版条子等。

（4）废页子纸。没有装订的呈书页状的废纸，分彩色页子纸和胶印页子纸，包括办公废纸、书刊内页和白纸切边等。

（5）废牛皮纸。使用过的各类牛皮包装箱、牛皮包装纸、牛皮纸袋等，以及牛皮纸边角料、牛卡纸。

（6）废卡纸。使用过的介于页子纸和纸板之间的一类坚挺耐磨的厚纸，包括使用过的明信片、卡片、画册衬纸、名片、证书、请柬、各种封皮、礼品包装纸手提袋、扑克牌等。

（7）废书刊杂志。使用过的书刊杂志，过期未发售的新书，不包含铜版或轻涂材质的书刊杂志。

（8）特种废纸。含高湿强剂、沥青、热熔胶等化学物质的废纸，主要包括沥青纸、绝缘纸、电缆防护纸、热敏纸、复写纸、液体包装纸盒、含蜡废纸等。

等级规范详见《废纸分类等级规范》（SB/T 11058—2013）。

2）《废纸分类技术要求》（GB/T 20811—2018）

《废纸分类技术要求》（GB/T 20811—2018）的适用范围为采购废纸及销售废纸，该标准将废纸分为8类42种，如表2.1所示。

表2.1　废纸分类及要求

类别	分类代码	种类	说明	杂质含量/%	不可利用物含量/%
1废瓦楞纸箱类	101	牛皮挂面旧瓦楞纸箱	使用过的纯未漂白木浆挂面的瓦楞纸箱、瓦楞纸板、瓦楞纸盒等，含量不少于70%，允许有其他种类的包装纸和纸板	≤1.0	≤3.0
	102	新瓦楞纸箱	未使用过的瓦楞纸箱、瓦楞纸板、瓦箱纸盒及工厂切边等，含量不少于90%，允许有其他种类的包装纸和纸板	≤0.5	≤2.0
	103	未漂白旧瓦楞纸箱	使用过的未漂白浆挂面的旧瓦楞纸、瓦楞纸板、瓦楞纸盒等，含量不少于70%，允许有其他种类的包装纸和纸板	≤1.0	≤3.0
	104	混合旧瓦楞纸箱	使用过的混有白色和其他颜色纸浆挂面的旧瓦楞纸箱、瓦楞纸板、瓦楞纸盒等，含量不少于70%，允许有其他种类的包装纸和纸板	≤1.0	≤3.0

续表

类别	分类代码	种类	说明	杂质含量/%	不可利用物含量/%
2 废纸盒及废卡纸类	201	工厂回收的白色纸盒	工厂回收的白色纸盒切边，其他废纸含量不超过 5%，禁止含有瓦楞纸箱、沥青或蜡类涂层	≤ 0.25	≤ 1.0
	202	工厂、商业回收的杂色纸盒	工厂、商业回收的杂色纸盒、卡纸等，其他废纸含量不超过 5%，禁止含有沥青或蜡类涂层	≤ 1.0	≤ 3.0
	203	家庭回收的旧纸盒	家庭回收的旧纸盒、卡纸等，其他废纸含量不超过 10%，禁止含有沥青或蜡类涂层	≤ 1.0	≤ 3.0
3 包装废纸类	301	白色包装纸	白色的包装纸和切边、纸袋，不含不可接受的内衬物	不应有	≤ 0.5
	302	牛皮包装纸	未漂白的牛皮包装纸和切边	不应有	≤ 0.5
	303	未漂白包装纸袋	未漂白的包装纸袋、牛皮纸袋，不含不可接受的内衬物	≤ 0.5	≤ 2.0
	304	杂色包装纸及纸袋	混合的各种颜色的包装纸、纸边及纸袋，不含不可接受的内衬物	≤ 0.5	≤ 2.0
4 废新闻纸类	401	新闻纸切边	未经印刷的新闻纸及切边	不应有	≤ 0.5
	402	未出售报纸	印刷过量、未出售的报纸	不应有	≤ 0.5
	403	无广告彩页旧报纸	由公众回收的旧报纸，经拣选不含广告彩页，允许含废杂志期刊、空白纸张等，含量不超过 20%	≤ 0.5	≤ 2.5
	404	混合报纸和杂志	由公众回收的旧报纸，经拣选，允许含废杂志期刊、空白纸张等，含量不超过 40%	≤ 0.5	≤ 2.5

续表

类别	分类代码	种类	说明	杂质含量 /%	不可利用物含量 /%
5 废书刊杂志类	501	白色未涂布纸切边	印刷装订厂的白色未涂布印刷纸切边	不应有	≤ 0.5
	502	杂色未涂布纸切边	印刷装订厂的彩色未涂布印刷纸切边	不应有	≤ 0.5
	503	无硬书皮非涂布纸书刊杂志	非涂布书刊杂志，不含硬书皮装帧，涂布纸（铜版纸、轻涂纸）插页不超过 20%	≤ 0.5	≤ 2.5
	504	硬书皮非涂布纸书刊杂志	非涂布书刊杂志，含硬书皮装帧，涂布纸（铜版纸、轻涂纸）插页不超过 20%	≤ 0.5	≤ 2.5
	505	混合旧书刊杂志	使用过的各类书刊杂志及类似印刷品	≤ 0.5	≤ 2.5
	506	轻型纸书刊杂志	轻型纸印制的书刊杂志及类似印刷品，其他书刊杂志不超过 20%	≤ 0.5	≤ 2.5
	507	涂布纸切边	印刷厂的涂布纸（铜版纸、轻涂纸）插页及切边，非涂布纸类不超过 20%	≤ 0.5	≤ 2.5
	508	无硬书皮涂布纸书刊	不含硬书皮装帧的涂布纸（铜版纸、轻涂纸）印制的书刊杂志，非涂布纸类不超过 20%	≤ 0.5	≤ 2.5
	509	硬书皮涂布纸书刊	含硬书皮装帧的涂布纸书刊杂志，非涂布纸类不超过 20%	≤ 0.5	≤ 2.5
6 办公废纸类	601	白色印刷书写纸	纯白色的印刷书写类纸，不含复印和经过激光打印的废纸	≤ 0.25	≤ 2.0
	602	白色电脑连续打印纸	白色的计算机连续记录纸、商业表格等，可含有无碳复写纸、热敏纸等，不含复印和经过激光打印的废纸	≤ 0.25	≤ 2.0
	603	白色复印废纸	白色的印刷书写类及复印纸等废纸，不含装订好的书刊和类似印刷品，不含快递信封等纸包装和非白色纸等	≤ 0.25	≤ 2.0
	604	白色碎纸	粉碎过的主要为白色的信函、文件等，非白色纸不超过 20%	≤ 0.25	≤ 2.0
	605	办公用印刷品	彩色广告、商业信函、贺卡等印刷品	≤ 0.25	≤ 2.0
	606	混合办公废纸	未经分拣的混合办公杂废纸，不含装订好的书刊和类似印刷品，不含快递信封等纸包装和非白色纸等	≤ 0.5	≤ 2.5

续表

类别	分类代码	种类	说明	杂质含量 /%	不可利用物含量 /%
7 特种废纸类	701	白色湿强废纸	含湿强剂的白色废纸，不含杂色或印刷的废纸，暗色表格废纸不超过 10%，不含有其他种类特种废纸	≤ 0.5	≤ 2.0
	702	杂色湿强废纸	含湿强剂的杂色或印刷的废纸类，不含有其他种类特种废纸	≤ 0.5	≤ 2.0
	703	复写及热敏废纸	无碳、有碳复写纸和热敏废纸及切边，不含有其他种类特种废纸	≤ 0.5	≤ 2.0
	704	含蜡废纸	含蜡废纸及切边，不含有其他种类特种废纸	≤ 0.5	≤ 2.0
	705	白色覆塑废纸	白色的覆塑纸，不含杂废纸，暗色表格废纸不超过 10%，不含有其他种类特种废纸	≤ 0.5	≤ 2.0
	706	杂色覆塑废纸	彩色或印刷的覆塑纸，不含有其他种类特种废纸	≤ 0.5	≤ 2.0
	707	液体包装纸	液体包装用纸和纸板及切边、使用过的液体包装容器，纤维含量不少于 50%，余下的是铝和 PE 涂层，不含有其他种类特种废纸	≤ 0.5	≤ 2.0
	708	水果套袋纸	水果套袋纸及切边，不含有其他种类特种废纸	≤ 0.5	≤ 2.0
	709	工厂使用过的特种废纸	经工厂使用废弃的特种纸，不含有其他种类特种废纸	不应有	≤ 0.5
8 混合废纸类	801	非纸箱纸盒类混合废纸	从社会回收的未经拣选的非纸箱纸盒类混合废纸	≤ 1.0	—
	802	纸箱纸盒类混合废纸	从社会回收的未经拣选的纸箱纸盒类混合废纸	≤ 1.0	—
	803	混合废纸 [a]	从社会回收的未经拣选的各类废纸	≤ 1.5	—

a 不鼓励此类废纸贸易。

2. 国外废纸的分类

联合国粮食及农业组织按废纸用途将废纸分为 4 类：新闻纸和书籍废纸、纸板箱废纸、高质量废纸及其他废纸。

日本将废纸分为 9 类：上等白纸卡纸、特白中白马尼拉纸、有色道林纸、证券纸、牛皮纸、报纸、杂志纸、瓦楞箱板和硬纸板。

英国将废纸分为 11 类：不含机械浆的白色未印刷废纸、不含机械浆的白色已印刷废纸、含机械浆的白色及轻度印刷废纸、不含机械浆的有色废纸、含机械浆的重度印刷废纸、有色牛皮纸和马尼拉纸、新的牛皮挂面纸板、容器废纸、混合废纸、有色卡纸和含杂质废纸。

美国将废纸分为3类：纸浆代用品、可净化的废纸和普通废纸。纸浆代用品是指白纸与白纸的切边，这类废纸打散成纤维后不用做进一步处理就可作为成浆使用。可净化的废纸脱除印刷油墨后即可成浆使用。普通废纸包括旧报纸、旧瓦楞箱和混合废纸等。美国废纸产品协会的《废纸分类指南》将废纸分为普通级别58类和特殊级别36类。

德国将废纸分为低级废纸、中级废纸、高级废纸和保强废纸4类，保强废纸包括用过的防水或不防水的牛皮纸袋，用过或未用过的纯硫酸盐浆纸、旧瓦楞箱纸等。

二、印刷企业废纸的产生及再生技术

1. 印刷企业废纸的产生

1）印前过程产生的废纸

印前过程产生的废纸主要在打样上面，但是打样产生废纸的数量并不多，尤其是现在多用数码打样，替代了传统的制胶片、晒样等冗长的打样工艺流程，这样就几乎不会产生印刷废纸。

2）单张纸印刷产生的废纸

单张纸印刷过程中主要产生废纸的部分在于过版纸。过版纸是在印刷生产过程中用于校准印版、吸收多余油墨的纸张。一般在印刷开始前，需要对印刷机印刷出来的印张进行调整，以达到吸墨、去除磨辊上多余油墨的作用。在调整过程中，工作人员要对包括墨量、压力及套印位置等多个参数进行多次调整和确认，这个过程通常需要几十张纸甚至上百张，其间产生的废纸量惊人。虽然其中有一部分过版纸可以重新利用，在下一次的印刷中再次作为过版纸，但是仍会有大量的纸张在这个过程中被浪费。

3）卷筒纸印刷产生的废纸

卷筒纸印刷过程中主要产生废纸的部分在于过版纸和调试机器张紧程度所产生的废纸，以及卷心部分的废纸。卷筒纸印刷不能二次使用过版纸，只能使用空白的卷筒纸进行过版、调校，因此纸张损耗更大；加上工艺因素，卷筒纸卷心部分的纸张印刷不到，也会产生大量的纸张浪费。

4）切纸过程产生的废纸

目前，切纸机在进行裁切各种规格的纸张时，需要按照规格进行裁切，特别是裁切一些印刷好的纸张时，需要将一些标记线切除，这就会产生很多的边角废料；不仅是切纸过程，在模切工艺中也会产生大量的边角废料，这些边角废料的量是非常巨大的，要比印前和印刷过程中产生的废纸更多。这些边角废料由于比较碎小、纸张上还有大量图文，不能直接进行二次利用，通常会打包卖给回收商，再进行循环处理。

2. 废纸资源化利用的途径

印刷企业在实际生产中为了降低回收成本，大多采用外包的形式处理废纸，由专门的废纸回收企业将日常废纸打包，统一装车运走，这样就减少了印刷企业在废纸回收环节上的管理和资金投入。废纸回收人员对废纸进行简单的分拣分类之后便将其打包并输送给造纸企业。造纸企业主要利用碎浆、脱墨、抄造等再生纸技术将废纸进行回收利用。

除了以上主要的废纸处理途径，世界各国还有一些新兴的废纸回收利用方式，以充分利用废纸的剩余价值。例如，将废纸进行处理，转换成乙醇、甲烷等燃料，可用作汽油燃料；将废纸焚烧，产生的热能用于发电和供热。除此之外，还有用于农牧业生产、乳酸葡萄糖生产、建筑材料制造、除油材料生产等多种再利用途径。

练习与测试

简答题

1. 纸张含水量对印刷有什么影响？
2. 纸张静电对印刷有什么害处？怎样消除？
3. 在印刷中纸张易产生哪两大形变？原因是什么？如何克服？
4. 印刷前，为什么要对纸张进行调湿处理？通常采用哪些方法？
5. 为什么要对纸张进行印前适性处理？
6. 印刷废弃纸张最常见的处理方式是什么？

项目三　油墨的性能和质量检测

背　景

油墨的印刷性能一般是指用于某一种印刷方式的油墨应具有适应其印刷工艺和印刷条件的各种必需的性质，这些性质必须使印刷的产品达到一定的印刷效果和印刷质量。油墨的印刷适性，是油墨在印刷过程、干燥过程和印刷质量3个方面适性的总和。

能力训练

任务一　油墨性能的检测

（一）任务解读

为了检测所制备油墨的各项性能，保证印刷过程中油墨各项指标的相对稳定，使印刷中的各项工序顺利进行，需要在正式上机印刷之前对油墨黏度、颜色、流动性、干燥性、稳定性、耐抗性、光泽度、三原色密度等指标进行检测。

（二）课堂组织

学生5人为1组，实行组长负责制。当油墨性能测定结束时，教师对学生的操作步骤及油墨各项性能的检测结果的精确程度进行点评；现场按评分标准评分，并记录在实训报告上。

（三）油墨各印刷指标的检测

1. 黏度检测

黏度是表征流体分子间相互吸引而产生阻碍其分子间相对运动能力的物理量。假设一个流体被限制在上下两块平行板之间，下面一块是静止的，上面一块是移动的，它们之间相隔的距离为x，让力F以正切方向作用于上面可移动的板上，上板滑动速度对下板来说是v，夹在两板之间的上层流体层速度最大，中间的流体层速度中等，下面的流体层速度最小，如图3.1所示。

对流体的任何部分来说，其速度梯度dv/dx是一个常数。速度梯度实际上就是流体受力以后的两层流体间的速度变化率，在物理学上，速度梯度被称为切变速率 D，即 $D=dv/dx$。

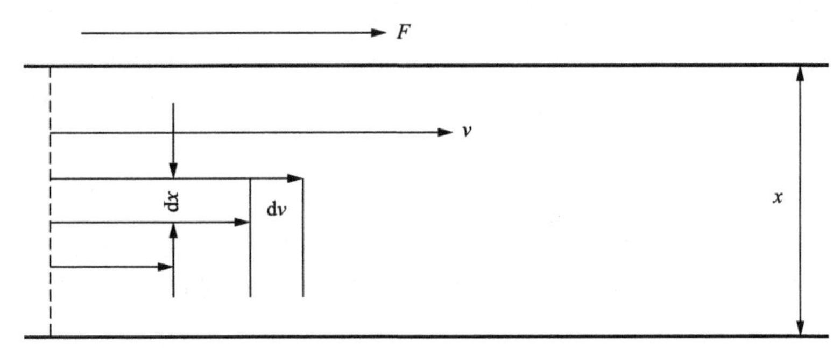

图 3.1　两个平行板间流体受力流动情况

黏度的计算公式如下：

$$\eta = \tau / D \tag{3.1}$$

式中，η——黏度，P（泊）（1P=0.1Pa・s），当流体受到 0.1Pa 的切应力产生 1cm/s 的速度梯度时，则称该流体具有 1P 的黏度；

τ——切应力，dyn/cm^2（1dyn/cm^2=0.1Pa），单位面积上受的力，$\tau=F/A$，其中，A 为受力面积，单位为 cm^2。

油墨在墨辊高速旋转时脱离，墨辊的离散现象称为油墨的飞墨。利用油墨黏性测定仪，对油墨离散到白纸上的黏墨情况进行油墨飞墨的测试。其适用标准为《油墨粘性检验方法》（GB/T 14624.5—1993）。

1）设备、材料和工具

油墨黏性仪（图 3.2），油墨试样，白纸，棉纱，擦洗溶剂（NY-200 溶剂油），调墨刀，秒表（分度值为 0.2s），计时器。

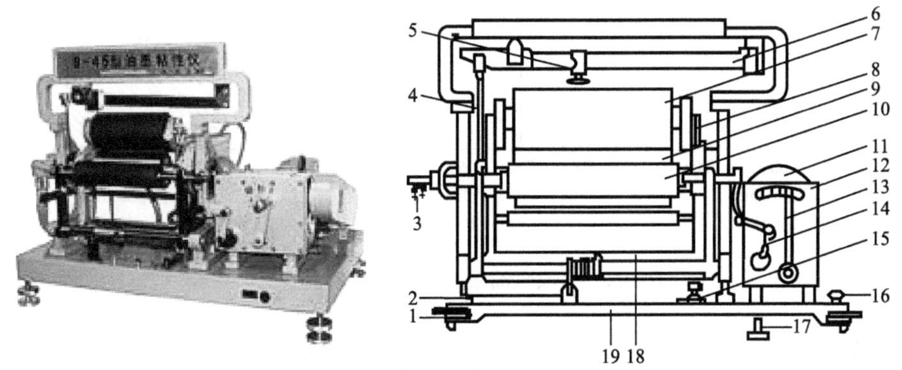

1—水平调节螺钉；2—弹簧；3—水管；4—杠杆；5—游标；6—标尺；7—合成胶辊；8—手柄；9—金属辊；10—匀墨胶辊；11—电动机；12—齿轮组箱；13—变速杆；14—曲柄；15—制动器；16—水平仪；17—吸墨器；18—横梁；19—底座。

图 3.2　油墨黏性仪示意图

2）操作步骤

（1）接通仪器电源，调节恒温箱水温至32℃，保持恒温。

（2）仪器变速杆置于低速位置，将合成胶辊及匀墨胶辊压在金属辊上。

（3）启动仪器，运转15min后，将游标置于标尺零位。调节仪器，使标尺处于平衡状态。

（4）将调好的油墨试样灌入金属吸墨器后，再将油墨试样由金属吸墨器内挤出，均匀涂于合成胶辊上。用手转动电动机，使油墨均匀转涂于金属辊和匀墨胶辊上。

（5）启动仪器，匀墨。30s时移开制动器，移动游标，使标尺平衡，1min时读出粘性数据。

（6）观察白纸上是否有墨点，并根据白纸上墨点的多少来判断飞墨的程度。

（7）测试结束后，关闭电动机，清洗匀墨胶辊。

2. *颜色检验*

印刷品的颜色是油墨印在承印物表面表现出来的，对于黑白印刷品，其印迹越黑，与承印物反差越大越好。对于彩色印刷品，其印迹色彩鲜艳，符合原稿要求为好。根据色彩合成理论，三原色油墨Y（黄）、M（品红）、C（青）必须全部吸收其补色光，而反射其本色光。实际油墨的三原色的光谱反射率曲线（图3.3），与理想油墨的光谱反射率曲线差别很大。实际油墨仅能反射应该反射的色光中的一部分和吸收应该吸收的色光的一部分，其反射率和吸收率均达不到理想值。

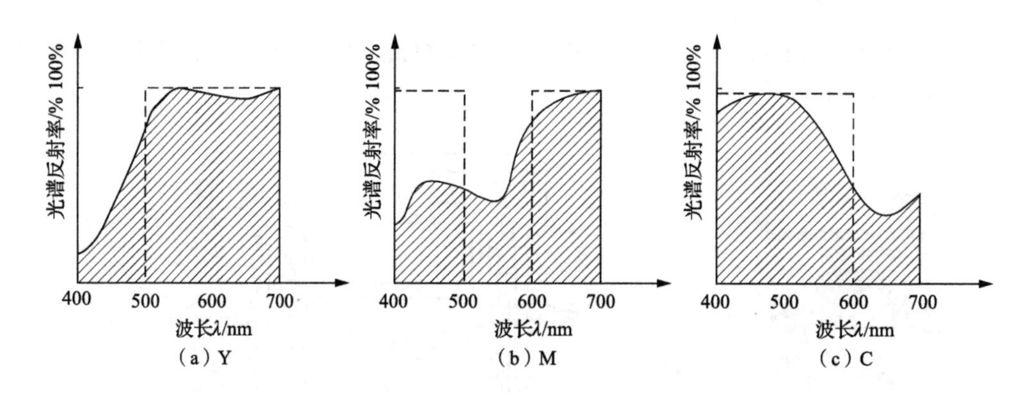

图3.3　三原色油墨的光谱反射率曲线

1）检验原理

将试样与标样用并列刮样的方法对比，检视试样颜色是否符合标样。

2）设备、材料和工具

玻璃板：200mm×200mm×5mm。

刮样纸：晒图纸，规格 110mm×65mm，顶端往下 60 ～ 65mm 处有 5mm 宽黑色横道。刮样示意图如图 3.4 所示。

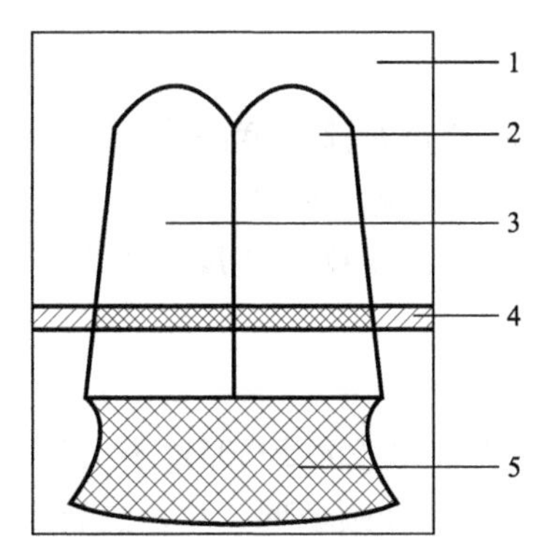

1—试样；2—刮样纸；3—标样；4—黑色横道；5—厚墨层。

图 3.4　刮样示意图

玻璃纸：65mm×30mm。

调墨刀：木柄锥形钢身，长 200mm，最宽处 20mm，最窄处 8mm。

刮片：不锈钢片制，92mm×59mm×0.5mm，刃部宽 9mm 处向外弯曲 25°。

3）操作步骤

（1）用调墨刀取标样及试样各约 5g，置于玻璃板上，分别将其调匀。

（2）用调墨刀取标样约 0.5g 涂于刮样纸的左上方，再取试样约 0.5g 涂于刮样纸的右上方，两者应相邻但不相连。

（3）将刮片置于涂好的油墨样品上方，使刮片主体部分与刮样纸成 90°。用力自上而下将油墨于刮样纸上刮成薄层，至黑色横道下 15mm 处时，减少用力，使刮片内侧角度近似 25°，使油墨在纸上涂成较厚的墨层。最终刮样形状应与标样相似。

（4）刮样纸上的油墨薄层称为面色，刮样纸下部的油墨厚层称为墨色，刮样纸上的油墨薄层对光透视称为底色。

（5）油墨颜色检验完毕，将玻璃纸覆盖在厚墨层上。

4）检验结果

（1）平版油墨、凸版油墨重点检验试样的面色和底色是否与标样近似、相符。

（2）网孔版油墨、纸张用凹版油墨重点检验试样的面色是否与标样近似、相符。

（3）检验结果应以刮样后 5min 内观察的面色和底色为准，墨色供参考。

5）注意事项

（1）检验应在温度 (25±1)℃、相对湿度 (65±5)% 条件下进行（其余项目也应控制在同样的温度条件下进行）。

（2）检验面色及色光应在入射角 (45±5)° 的标准照明体下进行。

（3）检验底色应将刮样对光透视。

3. 油墨流变性检验

油墨的黏滞性、屈服值、触变性及流动度统称为油墨的流变性。流动度是黏度的倒数，它不仅指明油墨的稀稠，还和黏度有关。

油墨流动度是指以一定体积的油墨样品在规定压力下，经一定时间所扩展成圆柱体直径的大小。

1）设备、材料和工具

流动度测定仪（图 3.5）：由质量为 (200±0.05)g 五等砝码 1 个，质量为 (50±0.05)g、厚度为 5 ～ 6mm、直径为 65 ～ 70mm 圆玻璃 2 片，金属固定盘 1 个组成。

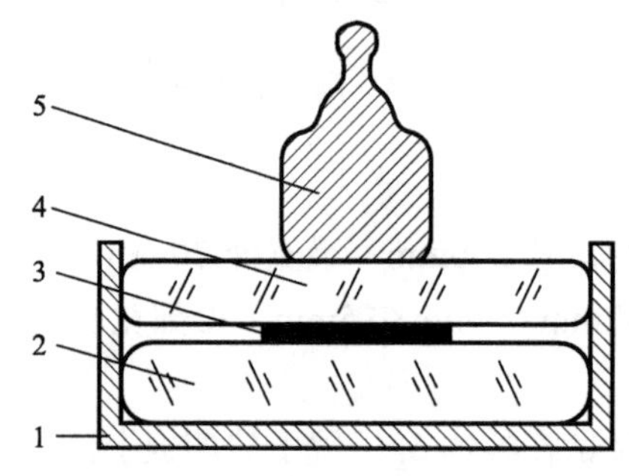

1—防止玻璃瓶滑动的金属固定盘；2—圆玻璃片；3—受测油墨；4—圆玻璃片；5—砝码。

图 3.5　流动度测定仪

吸墨管：容量 0.1mL，透明度量尺：分度值 1mm，工业用乙醇，调墨刀，玻璃板，棉纱，定时钟。

2）操作步骤

（1）油墨试样及流动度测定仪应事先置于恒温室内保温 20min。

（2）用调墨刀取油墨试样 2 ～ 3g，在玻璃板上调动 15 次（往返为 1 次）。用吸墨管吸取试样 0.1mL，将管口及周围余墨刮去，使试样与管口齐平，管内油墨不得含有气泡。

（3）将吸墨管内油墨挤出，用调墨刀把墨刮置于金属固定盘内的圆玻璃片中心，并将吸墨管芯的余墨刮掉，抹于上圆玻璃片中心。

（4）将上圆玻璃片放在金属固定盘内的圆玻璃片上，使中间有墨部分重叠，立即压上砝码，开始计时（注意金属固定盘保持水平）。

（5）15min 后移去砝码，用透明度量尺测量油墨圆体直径。交叉测量 2 次。

3）检验结果

交叉测量的平均值为流动度数据。若交叉测量值相差大于等于 2mm，则试验必须重做。

4. 油墨干燥性检验

干燥性是指转移在承印物表面的油墨由液态转化为固态的现象。印刷后的油墨在极短时间内从液体到固体，整个过程经过部分连接料的渗透或挥发，以及部分连接料产生化学反应或物理反应，使墨膜逐渐增稠变硬，最后使固体薄膜和承印物粘为一体。

油墨印刷到承印物上，由液体变为半固体的过程称为固着，此时用手触摸油墨，油墨不会被擦掉或进行下一道工序油墨不产生转印现象。墨膜完全干燥时，它的硬度、抗摩擦性有明显的增高，物理或化学反应达到终点，称为油墨固化。

加入定量白燥油的油墨刮样，在一定压力条件下，不使附在刮样上面的硫酸纸粘色所需时间即为油墨的干燥时间。试验在标样与试样对比条件下进行。

1）设备、材料和工具

自动干燥测定仪，如图 3.6 所示。

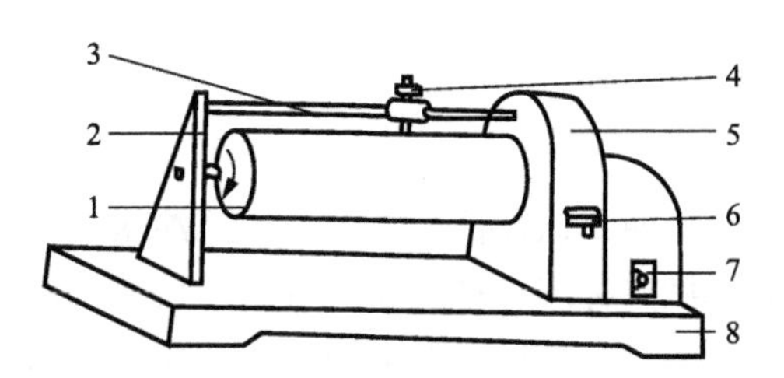

1—圆筒；2—支架；3—螺旋细杆；4—砝码；5—圆轮压轮；6—速度调节器；7—电钮；8—底座。

图 3.6 自动干燥测定仪

刮样纸，标准白燥油，硫酸纸，标准油墨样，电子天平，调墨刀，刮墨刀。

2）操作步骤

（1）按照下列比例在电子天平上称取试样及标准白燥油，充分调匀，以同样方法称取标样及标准白燥油，充分调匀。

树脂墨。试样（或标样）油墨与标准白燥油质量比为 95 ∶ 5。

油脂墨。试样（或标样）油墨与标准白燥油质量比为 90 ∶ 10。

（2）将已调匀的油墨标样和试样并列刮成约 30cm 长的刮样，立即记录时间，覆盖硫酸纸一起包在自动干燥测定仪的圆筒上，并用嵌条将纸夹紧。

（3）将装有 100g 砝码的圆轮压轮移至螺旋细杆的左边，将其压于覆盖有硫酸纸的刮样上，接通电源，根据需要将速度调节器置于每转10min的刻度上，按下开关，此时圆筒即开始旋转，圆轮压轮开始画线，并向左慢慢移动，使圆轮压轮走完所需时间。

3）检验结果

检验经圆轮压轮滚压过的硫酸纸，其上不致粘上墨痕即为油墨干燥（尚未干燥，则粘上条状墨痕）。当圆轮压轮转到尽头时，将硫酸纸取下，检验纸上的墨痕条数，并换算成小时数，即为油墨干燥时间。求出试样与标准干燥时间之差，看是否与该标准相等。

4）注意事项

（1）加白燥油的油墨要立即做干燥性测试。

（2）试验不得中断。

5. 油墨稳定性检验

油墨稳定性主要是指在印刷和储存过程中，低温和高温对油墨印刷性能的影响程度。

对油墨进行一定时间的冷冻和加热试验，观察油墨是否有胶化情况或反粗现象。

1）设备、材料和工具

自控恒温箱，自控冷冻箱，流动度测定仪，能容纳20g油墨的铁盒，调墨刀，透明量度尺。

2）操作步骤

（1）将油墨试样分别装入两个铁盒内，每个铁盒装油墨不少于15g，铁盒内的油墨要排除气泡，再封上玻璃纸做好标志。把铁盒盖好，然后分别放入75～80℃自控恒温箱和−20～−15℃的自控冷冻箱内，经72h取出，置于室温条件下存放。

（2）把已置于室温存放3h以上的油墨试样按照本任务“油墨流变性检验”做流动度测定，并与未做加热和冷冻试验的油墨做流动度对比。

3）检验结果

根据油墨试样流动度的差距和油墨的性能变化，按下列规定检验油墨试样的稳定性。

（1）若做过加热和冷冻试验后流动度较未试验前变化不太大，则油墨的稳定性较好。

（2）若做过加热和冷冻试验后流动度较未试验前有较大变化，墨性仍尚好，则油墨变胶化可能性不大，但不够稳定。

（3）若做过加热和冷冻试验后流动度较未试验前有较小变化，墨性变“短”、变“立”，则油墨有胶化倾向，一般此类油墨存放易于胶化。

4）注意事项

（1）冷冻试验方法，主要确定其是否反粗。

（2）加热试验方法，主要确定其是否有变胶化可能。

6. 油墨耐性检验

1）浸泡法

将经干燥的油墨刮样，分别浸泡于规定浓度的酸、碱、乙醇及水中，经一定时间后取出刮样。根据刮样变化情况评级，并以之表示油墨耐酸、耐碱、耐乙醇及耐水的性能。

（1）设备、材料和工具。

1% 氢氧化钠溶液，1% 盐酸溶液，95% 乙醇溶液，调墨刀，刮墨刀，刮样纸，试管，小镊子。

（2）操作步骤。

① 将油墨试样用调墨刀放于道林纸中上方，持刮墨刀自上而下用力刮于刮样纸上，呈均匀的刮样。然后将其放置在常温条件下，干燥 24 h（个别产品可适当延长）。

② 将干燥后的刮样剪下墨色部分小块，分别置于盛有规定浓度的酸、碱、乙醇及水的试管内浸泡。

③ 浸泡 24h 后，用镊子取出刮样，与未经浸泡的刮样对比，检验刮样的变色情况。

（3）检验结果。

根据表 3.1 评定油墨试样耐酸、耐碱、耐乙醇、耐水的级别。

表 3.1　油墨耐酸、耐碱、耐乙醇、耐水的级别

级别	刮样变色程度	溶液染色程度
1	严重变色	严重染色
2	明显变色	明显染色
3	稍变色	稍染色
4	基本不变色	基本不染色
5	不变色	无色

（4）注意事项。

① 做耐乙醇试验时因为试剂挥发快，所以要在密封条件下进行。

② 做空白试验对比，以便观察纸张在溶液中的变化情况，定级时应减除其纸张变化因素。

③ 试验时室温不宜过低，通常应在 20 ～ 25℃情况下测定。

2）滤纸渗浸法

将经干燥过的油墨与规定浓度的酸、碱、乙醇和水溶液浸透的滤纸接触，在一定压力、一定时间后，根据油墨刮样变化的情况及渗透染色滤纸的张数进行评级，并以此表示油墨耐酸、耐碱、耐乙醇及耐水的性能。

（1）设备、材料和工具。

小玻璃板：9.5cm×6cm，砝码：1 000g，定性滤纸：直径 11cm，蒸发皿：100mL，试剂：与浸泡法中所用试剂一致，调墨刀，刮墨刀，小镊子。

（2）操作步骤。

① 用调墨刀取少量油墨试样放于刮样纸中上方，再用力自上而下刮于刮样纸上，呈均匀的刮样，剪去墨色部分，然后常温放置 24h（个别产品可适当延长），使之干燥。

② 取小玻璃板置于平面工作台上，将刮样的 1/2 平放于玻璃板上。

③ 在 100mL 蒸发皿中注入溶液，取定性滤纸 10 张，用镊子夹住一端浸入溶液中至完全浸透，取出覆盖于油墨刮样 1/2 部分。

④ 将另一块玻璃板压在滤纸上，并压上一个砝码，静置 24h 后，取下砝码及玻璃板，稍干后，检验刮样变色情况（可同释压滤纸部分比较）及染渗滤纸的张数。

（3）检验结果。

按表 3.2 中的规定评定等级。

表 3.2　油墨耐性级别

级别	染渗滤纸张数	刮样变化程度
1	8～9	严重改变
2	6～7	明显改变
3	4～5	稍改变
4	1～3	基本不改变
5	0	不改变

（4）注意事项。

① 接触油墨刮样的第一张滤纸不计在内。

② 试验中如滤纸不染色，可根据表 3.2 中刮样变化的程度评级。

③ 做耐乙醇试验时因为试剂挥发较快，所以测试时要放到可封闭的盒内，其他操作相同。

④ 做空白试验对比，以便观察纸张在溶液中的变化情况，定级时应减除变化因素。

7. 油墨光泽度检验

油墨光泽度是指印刷样品受光照射时向一个方向反射光量度的能力的大小。光泽度的影响因素主要有油墨的性质、印刷条件、纸张的性质和纸墨相互关系。

对于油墨而言，光泽度高的油墨在印刷品上的表现为亮度大，油墨的光泽度用镜面光泽度表示，用百分数表示光泽度的值越高，表明镜面效应越好。

油墨光泽度的测定采用光电计进行，在一定光源的照射下，试样与标准面反射光亮度之比即为油墨的光泽度（标准面的反射光亮度为 100%）。

1）设备、材料和工具

印刷适性仪，光电计，调墨刀，胶水，裁纸刀，剪刀，铜版纸：270mm×200mm，吸墨管：0.1mL，汽油，小型打样机 1 套：附 30mm×95mm 铜版 1 块；1 只合成胶辊，直径 31.8mm，长 100mm。

2）操作步骤

（1）按下述两种方法之一印样。

① 用印刷适性仪印样。先将印刷适性仪开动，把胶辊、钢辊及手摇夹纸器等部件擦洗清洁。用调墨刀将试样在玻璃板上调动 15 次，然后用调墨刀将试样装入 0.1mL 的吸墨管内装平，不能有气泡。把吸墨管中的油墨放在印刷适性仪的胶辊上（共有 4 个胶辊，1 次可以同时进行 4 个试样印刷）。将胶辊与钢辊之间距离调节到一定位置（适性仪上有松紧手轮），将 2 张铜版纸在手摇夹纸器上夹住（夹纸器与胶辊的距离是固定的），以手摇动胶辊转数转，然后开动机器 2min，将墨打匀，立即打开机器后面松紧手轮，再关掉机器。以手摇夹纸器，在胶辊上进行印刷（速度要均匀），印好印样。

② 用小型手摇打样机印样。先把铜版、合成胶辊用汽油擦洗干净，不带有其他颜色和杂质，凭经验把打样机两边的压力调整一致。用 0.1mL 吸墨管吸满油墨，注意不能有气泡，然后把吸墨管内的油墨全部涂抹在铜版上，两手拿住胶辊的顶端，把油墨打匀，胶辊着墨部分，应尽量保持铜版宽度，以保证油墨印刷厚度。把打匀油墨的铜版立即放在打样机的凹槽内，左手用橡皮膏把铜版纸贴在圆辊筒上，右手摇动打样机手柄一周，立即印好印样。

（2）将光电计测量头插头拧紧，然后打开电源，预热 10min。

（3）将测量头拿起，旋转调节旋钮，使表头指针为零。

（4）将测量头置于标准版上，旋转定标旋钮，使指针指向标准版的标准值。

（5）重复步骤（3）、（4），直至指针仍然能指零和指示标准值，方可进行测量。

3）检验结果

对每个印样纵向和横向至少各测 2 个数据，分别计算印样正反面印刷光泽度的平均值。

4）注意事项

（1）测定同一类型的各种油墨时，要注意使用同一种规定的标准纸张，否则影响测定数据。

（2）印片的干燥程度对测量有影响，印片要干燥 24h。

（3）测量头在试样的不同位置上会得到不同的光泽度，故要选择 3 点，求其平均值为该油墨的光泽度。

（4）接线时必须仔细，接线后要反复检查，防止输入端与输出端接反，造成仪器的损坏。

（5）测量头的灯泡位置对测量影响很大，不可随意更改，当换灯泡时，应按使用说明书调整位置。

（6）油墨印刷后，应立即用汽油将胶辊和标准版擦干净，以防油墨在表面结皮。

8. 三原色油墨密度检测

密度反映油墨对光波的吸收特性。习惯上所指的“彩色密度”是指测量时，通过红、绿、蓝3种滤色片分别来测量黄、品红、青油墨的密度。作为“密度”，它只是物理吸收特性的度量，只表示“黑”或“灰”的程度。油墨密度分为反射密度和透射密度，光照射到物体上，部分光被吸收，其余光线被反射或者透射，从而形成反射密度和透射密度。

反射密度可表示为$D_r=\lg\dfrac{1}{\beta}$，其中D_r为反射密度；β为反射率，即反射光量度与入射光量的比值。透射密度可表示为$D_t=\lg\dfrac{1}{\tau}$，其中D_t为透射密度；τ为透射率，即透射光量与入射光量的比值。

利用各色油墨分别印出来的满版色块进行检验，以反射密度计作为检测工具，每色印样需分别通过红、绿、蓝3种滤色片进行检验。

1）设备、材料和工具

反射密度计，标样、试样，刮刀。

2）操作方法

（1）刮样法。图3.7为刮样示意图。取少量标样和试样分别调匀，放在标准样纸的上方，用刮刀自上而下并列刮成3～5cm的长条墨膜层，然后观察标样与试样墨层在黑带以上的底色、面色及黑色的差别。

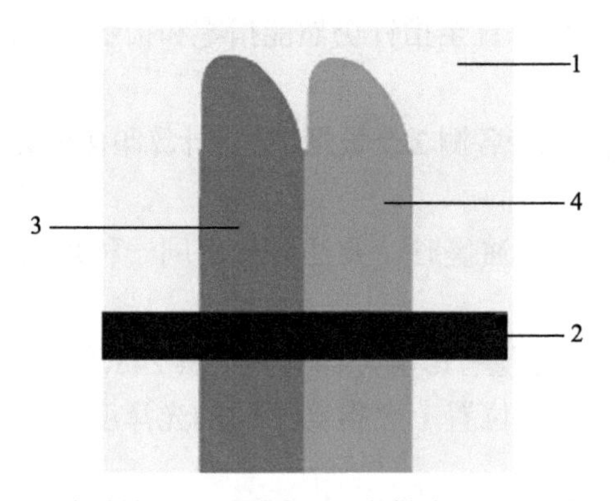

1—标准样纸；2—黑带条；3—标样墨；4—试样墨。

图3.7 刮样示意图

（2）密度计法。用反射密度计直接检测。

3）检测结果

用反射密度计的标准光学三原色 R、G、B，测出三原色油墨在具体纸张上达到实际印刷标准墨层密度下的三色光密度。直接读数即可。

4）注意事项

不同牌号的各色油墨，测量出的三色光密度不同，各色油墨所达到的最高吸收密度也各不相同；同时，各色油墨本色光的反射密度均不为零，一个是较低密度 $D_{低}$，一个是较高密度 $D_{高}$，还有一个中间密度 $D_{中}$，并且各色油墨的三个密度值也互不相同。

任务二　三原色油墨质量（色品）的检测

（一）任务解读

（1）了解三原色油墨的呈色性能。

（2）掌握用 TR-524 型透射刻度计鉴定三原色油墨色品的方法。

（3）了解 TR-524 型透射刻度计和 IGT 印刷适性仪等仪器的使用。

（二）设备、材料和工具

IGT 印刷适性仪，色彩三原色 M（品红）、Y（黄）、C（青）油墨，铜版纸测试条，白度计，TR-524 型透射刻度计。

（三）课堂组织

学生 5 人为 1 组，实行组长负责制。当测定结束时，教师对学生的操作步骤及结果进行点评；现场按评分标准评分，并记录在实训报告上。

（四）操作步骤

第一，用白度计测量，记录测试条纸张白度。第二，将测试条装卡在 IGT 印刷适性仪上。第三，上墨——在打墨机上进行打墨。第四，印刷：每组应取得墨色均匀较好的试条，其中一道色、二道色、三道色试条各一张。上墨顺序如下。一道色：Y（黄）试条共 4 张；M（品红）试条共 2 张；C（青）试条共 1 张。二道色：R（红）=Y+M 共 2 张；G（绿）=Y+C 共 1 张；B（蓝）=M+C 共 1 张。三道色：BK（中性）=Y+M+C 共 1 张。

用密度计测量各色油墨的密度值、色相误差、灰度及色效率值，并将各色油墨的色相误差及灰度值标注在 GRTF 色轮图中。

（1）密度值。用 R、G、B 三种滤色片测量的密度，作为彩色密度或者三滤色片密度，分别用 D_R、D_G、D_B 表示。

（2）色相误差：由于油墨颜色不纯，使得对光谱的选择吸收不良，产生不应有的密度，从而造成色相误差。其计算公式为色相误差$=\dfrac{D_{中}-D_{低}}{D_{高}-D_{低}}\times100\%$。

（3）灰度：油墨中含有非彩色的部分，灰度对油墨饱和度影响很大，灰度越小，油墨饱和度越高。其计算公式为灰度$=\dfrac{D_{低}}{D_{高}}\times100\%$。

（4）色效率：一种原色墨应当吸收 1/3 的色光，完全反射 2/3 色光，因为油墨存在不应有的吸收和吸收不足，使得色效率下降。其计算公式为色效率$=1-\dfrac{D_{低}+D_{中}}{2D_{高}}\times100\%$。

（5）GATF 色轮图。如图 3.8 所示，是以油墨的色相误差和灰度两个参量作为坐标。把圆周六等分：三原色 YMC 和三间色 RGB。圆周上的数字表示色相误差，从圆心向圆周半径方向分为 10 格，每格代表 10%，最外层圆周上灰度为 0（饱和度最高为 100%），圆心上灰度为 100%。

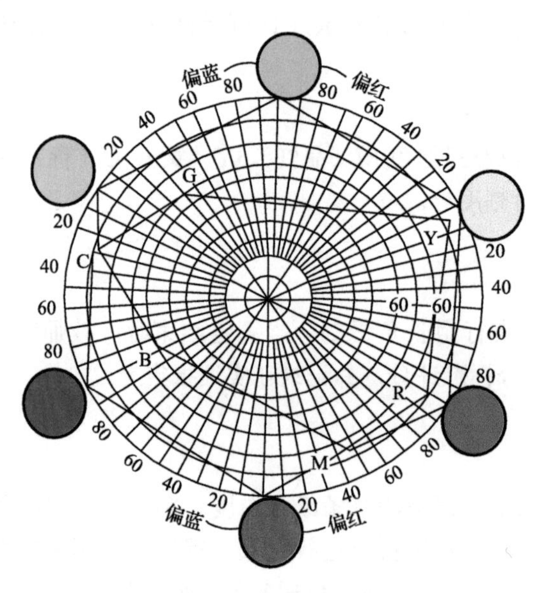

图 3.8 GATF 色轮图

可见，密度测量是最终完成 GATF 色轮图的重要指标，使用 TR-524 型透射刻度计（图 3.9）分别测量反射密度和透射密度。

1—反射清零按钮；2—反射选择滤光转盘；3—反射探测定位头；4—透射探测杆；5—透射选择滤光转盘；6—透射清零键；7—数字显示屏；8—开关；9—透射光圈。

图 3.9　TR-524 型透射刻度计

TR-524 型透射刻度计是美国马克贝斯公司制造的一种光电组合式的灵敏度极高的密度测试仪器，可以测量反射密度和透射密度，由于测量反射密度与透射密度所用的滤色片具有不同的光谱及吸收特性，因此，这两种滤色片在测量颜色时不能互换。表 3.3 为滤色片类型。

表 3.3　滤色片类型

反射密度			透射密度		
滤光转盘挡位标记	滤色片	型号	滤光转盘挡位标记	滤色片	型号
品红	绿	雷登 #58	绿	绿	雷登 #93
青	红	雷登 #25	红	红	雷登 #92
黄	蓝	雷登 #47	蓝	蓝	雷登 #94
黑	视觉（琥珀色）	雷登 #106	视觉（琥珀色）	视觉（琥珀色）	雷登 #106

1. 反射密度测量

（1）接通 220V 电源，按下开关键，仪器进入工作状态。

（2）放置反射探测定位头于反射校正板（图上未画出）上的白面处。

（3）转动反射选择滤光转盘，选择黑挡。

（4）压下反射探测定位头。按下反射清零按钮。数字显示屏上显示“0.04”。

（5）反射探测定位头，松开反射清零按钮。

（6）转动反射选择滤光转盘，确定与被检查点相应的颜色挡（测什么颜色样品就用相应的挡，如黑白颜色样品就用黑挡）。

（7）将反射探测定位头上底部的圆点对准被检查处，压下反射探测定位头。数字显示屏上立即出现相应的密度数值，记录读数。

（8）测量其他处的密度值，重复（7）。

（9）停机、再次按开关（ON 键）。

2. 透射密度测量

（1）开机，仪器进入工作状态。

（2）转动透射选择滤光转盘到黄挡处。

（3）同时压下透射探测杆和透射清零键，数字显示屏上显示“0.00”。

（4）松开透射探测杆和透射清零键后，转动透射选择滤光转盘到与被测样品颜色为补色的挡上（如测黑白样品应用黄挡）。

（5）将被测样品检查处放于透射光圈上的小圆点上。

（6）压下透射探测杆，数字显示屏上会出现相应的密度值，记录读数。

（7）测量其他处，重复（4）。

（8）停机，再次开机。

（五）结果显示

（1）将测得的各色油墨密度值记入表 3.4 中，并计算各色油墨的色相误差、灰度和色效率。

表 3.4　各色油墨密度值及油墨色品记录表

色别	测定密度			色相误差	灰度	色效率
	滤色片					
	B	G	R			
Y						
M						
C						
R（Y+M）						
G（Y+C）						
B（M+C）						
BK（Y+M+C）						

（2）根据上述实验对油墨测定的结果，试对该组油墨的色品做简要评述。

（3）本实验是学习印刷色彩理论必须掌握的基本实验。做实验前，应先仔细阅读实验指导书，了解实验原理，掌握测试方法与计算公式；然后测量数据，并按规定做详细的记录；最后按实验报告的要求计算、整理实验结果，绘制曲线，写出实验报告。

知识拓展

一、油墨呈色原理

绘画作品或印刷作品往往要表现出自然界各种各样的色彩，但是自然界中的色彩众多，不可能为其一一找到对应的颜料，而是选择一部分常用色作为基本的色料储备，其他颜色可以通过用基本色混合的方式得到。尤其在印刷工业中，用 Y、M、C 这 3 种色料的两者或三者以不同比例混合，就几乎可以得到所有的颜色，所以把 Y、M、C 这 3 种颜色称为色料三原色。

二、三刺激值

三刺激值是指三色系统中与待测光达到颜色匹配所需的三种原色刺激的量，即在标准的正常人眼条件下，匹配某一特定色所需三原色的数量。

三、同色异谱

颜色外观相同的两种颜色，它们的光谱分布可以相同，也可以不同，这种光谱组成不同，但可以相互匹配的现象称为同色异谱现象，这样的两种颜色称为同色异谱色。例如，在颜色匹配实验中，待测色与三原色的混合色在达到匹配时两者就是同色异谱色。由三原色形成的颜色的光谱组成与被匹配色光的光谱组成不一定是相同的，这种颜色匹配称为“同色异谱”的颜色匹配。

从三刺激值的角度分析，要实现两个颜色的光谱匹配所需的条件如下所述。

（1）如果两个颜色具有完全相同的光谱反射（透射）率曲线，称两个颜色为同色同谱。

（2）如果两个颜色具有不同的光谱反射率曲线，但有相同的三刺激值，称两个颜色为同色异谱。

练习与测试

一、简答题

1. 简述油墨的组成、成分及作用。
2. 润版液用量与油墨性质、纸张性质、环境温度之间有什么关系？
3. 色料三原色互相混配的基本规律是什么？
4. 保管印刷油墨应注意哪些事项？
5. 保持水墨平衡的条件是什么？
6. 如何评价三原色油墨的质量？

二、能力训练题

在潘通色卡中任意选择一个专色，使用人工配色和计算机配色两种方法制备标准色，并比较两种方法制备的油墨的印刷性能。

项目四　油墨的适性调节与回收利用

背　景

不管使用什么样的印刷方式，在印刷的过程中，对油墨适性进行调节都是不可避免的。油墨是最终印刷品的呈色物质，能否清晰、准确地黏附在承印材料上是决定印刷品质量好坏的关键因素。

印刷前油墨的准备包括对油墨的适性处理及专色油墨的调配。油墨的适性处理主要是对油墨的结皮进行处理。调配油墨是彩印工艺中的一项重要工作，直接关系到印刷品的质量。色彩鲜艳、光泽度好、色相准确是彩印产品的基本要求，要达到这个要求首先必须准确调配印刷油墨。所以，操作工人要掌握油墨的适性处理和调墨工艺。

人工调墨法受调墨人员主观因素及其他客观条件的影响，配色质量难以保持稳定，油墨浪费较大，剩余油墨利用率低；配色只能定性而无法定量。计算机配色系统调墨法集测色仪、计算机和配色软件于一体，将配色基础油墨的颜色数据预先存储在计算机中，无须进行烦琐而昂贵的反复试验，可计算出配色所需油墨的混合比例，快速获取油墨配方。

Ink Formulation 是业内常用油墨配色软件之一，能够根据印刷工艺、油墨、照明条件、颜料价格，以及拟用的部件和材料数量，计算出效果最佳、成本最低的油墨配方，使油墨制造商和印刷企业在油墨配方和种类上享有更大的灵活性，提高基础物料处理能力，自动确定正确的油墨厚度，并有助于消除有害的废墨。目前，油墨制造商基本使用 Ink Formulation 6.0 版本。

能力训练

任务一　油墨的适性调节

（一）任务解读

印刷油墨在储存或印刷过程中表面层与空气接触，其中植物油的氧化或有机溶剂的挥发导致了油墨体系发生聚合等作用，即形成凝胶，俗称印刷油墨结皮。当印刷油墨浓度增加到一定值时，其表面就会被一层分子覆盖，这时即使补加溶剂或油脂，油墨结皮也很难复溶，故一般会被倒掉。

油墨的结皮，不仅给印刷过程带来麻烦，而且造成用料的浪费。为了防止此类现象的发生，油墨生产者或印刷工人通常采用人工搅拌或放置聚乙烯管搅拌和补加防结皮剂等方法进行挽救。

（二）设备、材料和工具

IGT 印刷适性仪（图 4.1），电子天平，结皮油墨（采用搅拌或添加防结皮剂的方法处理后），纸张，清洗剂，刮墨刀，抹布。

图 4.1　IGT 印刷适性仪

（三）课堂组织

学生 5 人为 1 组，实行组长负责制。待实训结束时，教师对学生的操作步骤及效果进行点评；现场按评分标准评分，并记录在实训报告上。

（四）操作步骤

1. 打样准备

将油墨、纸张、墨刀、清洗剂、抹布（图 4.2）等备齐，将待印纸张用胶带粘在 IGT 印刷适性仪专用的介质板上面（图 4.3）。

2. 清洁整理

在正式上墨之前，需要将设备的关键部件清洁一下，以免设备损坏，或者影响印刷的效果。

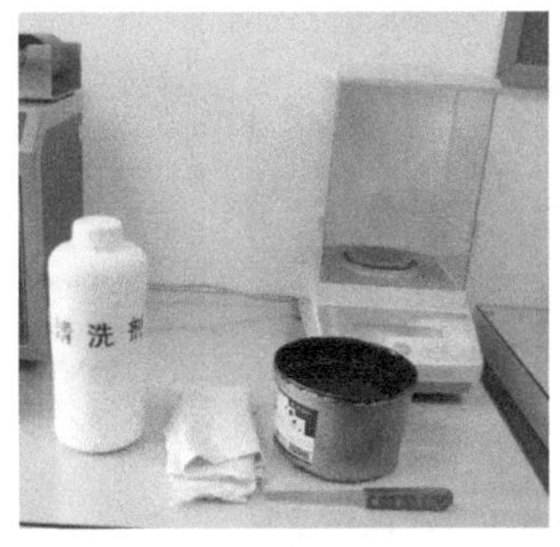

图 4.2　清洗剂、抹布

图 4.3　待印纸张固定在专用介质板上

（1）在准备好的抹布表面涂抹适量的清洗剂。

（2）使用带有清洗剂的抹布清洁 IGT 印刷适性仪的两个铝质金属匀墨辊，如图 4.4 所示，确保辊筒上面没有灰尘或硬质碎屑。

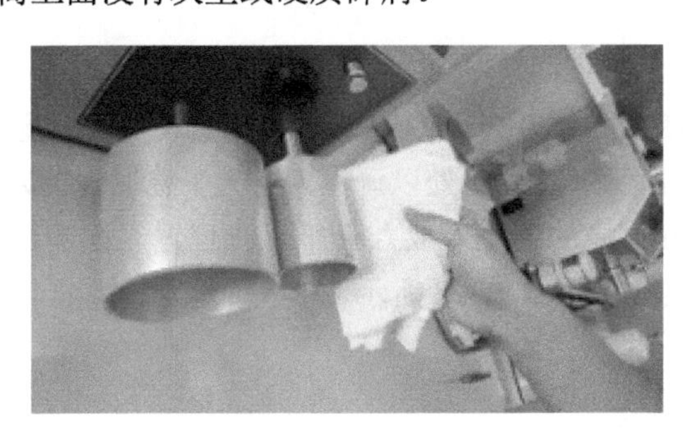

图 4.4　清洁匀墨辊

（3）使用带有清洗剂的抹布清洁橡胶串墨辊，确保其表面无灰尘或硬质碎屑，如图 4.5 所示。

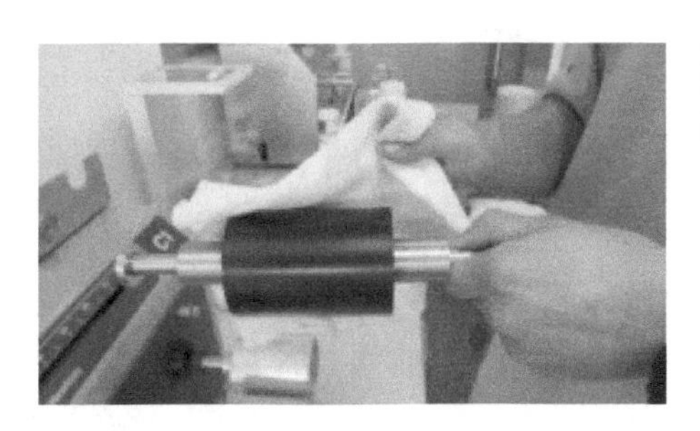
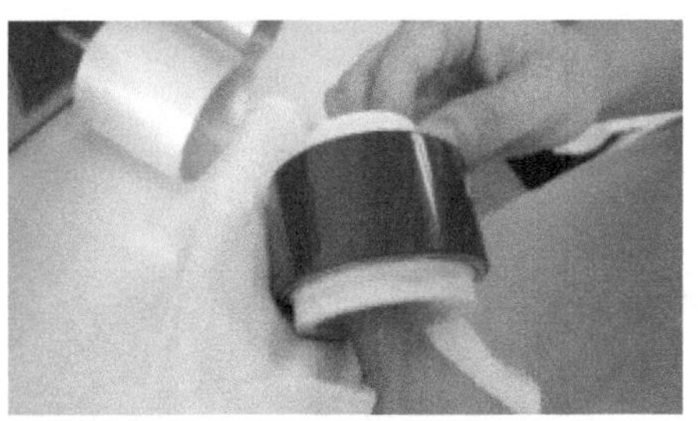

图 4.5　清洁橡胶串墨辊

（4）使用带有清洗剂的抹布清洁 IGT 印刷适性仪的印刷盘，确保其表面无灰尘或硬质碎屑，如图 4.6 所示。

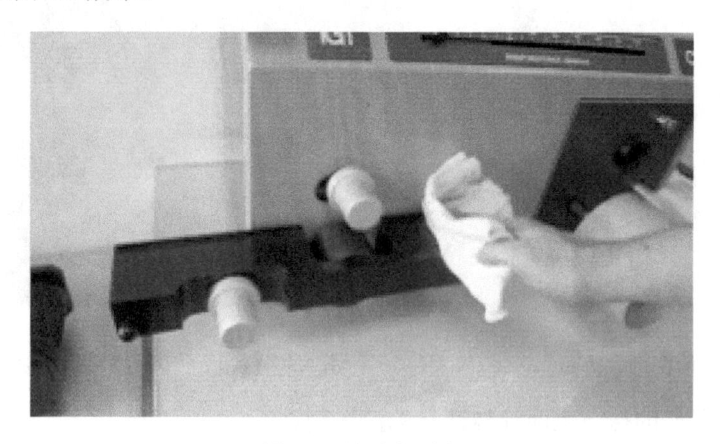

图 4.6　清洁印刷盘

3. 取得待印油墨

根据实际情况，使用高精度天平或专用油墨定量设备（注墨器）取得所需要质量的测试油墨，如图 4.7 所示（注：此处以调墨刀＋天平称取为例）。

将清洗干净并充分干燥的调墨刀放入天平承物位置，称量其质量；用调墨刀挑取适量待印油墨后再称其质量，如图 4.8 所示。

图 4.7　调墨刀取墨

图 4.8　天平称取测试油墨

将带有一定量油墨的调墨刀放回天平称量，观察其示数，并根据实际需要调整油墨量，直至达到预设量。

4. 上墨

给 IGT 印刷适性仪上墨（图 4.9 和图 4.10）。

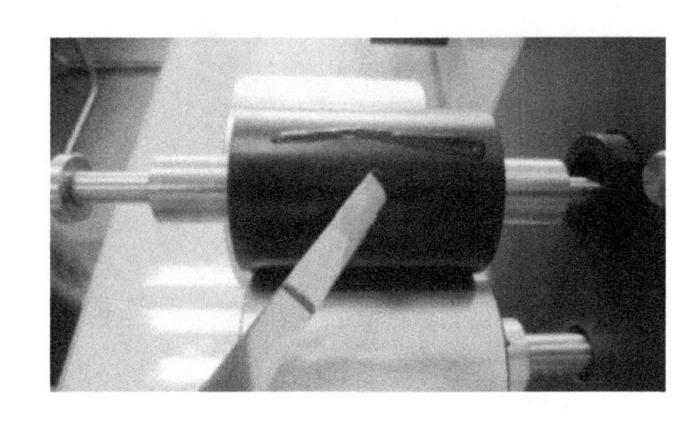

图 4.9　IGT 上墨

图 4.10　上墨后效果

5. 给 IGT 印刷适性仪匀墨

为了得到良好的印刷油墨样，需要尽可能地将涂抹到匀墨系统的油墨均匀分布开。IGT 印刷适性仪设有专门的匀墨部件：两个金属匀墨辊，配合一根橡胶串墨辊，通过高速转动实现匀墨。匀墨机构控制按键位于机身右侧面的左下角，按下该按钮即可启动匀墨系统。

根据初始上墨分布的均匀程度的不同，通常经过 30 ～ 50s 所施加的油墨即可被“打匀”。

6. IGT 印刷适性仪转移油墨

待油墨被均匀分布到匀墨系统之后，将一定量的油墨转移到 IGT 印刷适性仪的印刷盘上，进而才能印刷油墨样，如图 4.11 所示。

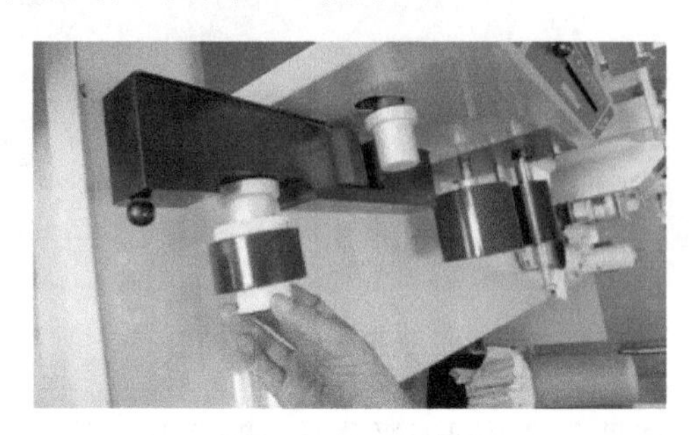

图 4.11 转移油墨

将 IGT 印刷适性仪的印刷盘装配到指定的轴上，使印刷盘与匀墨系统接触，如图 4.12 和图 4.13 所示。

图 4.12 安装印刷盘

图 4.13 印刷盘与匀墨系统接触

通过转动装有印刷盘的介质板支架，轻轻地将印刷盘与匀墨系统的串墨辊接触。通常经过约 15s 就会有足够的油墨被转移到印刷盘上，这时就可以通过转动介质板支架，将其放置到初始水平的位置。至此，油墨转移结束，如图 4.14 所示。

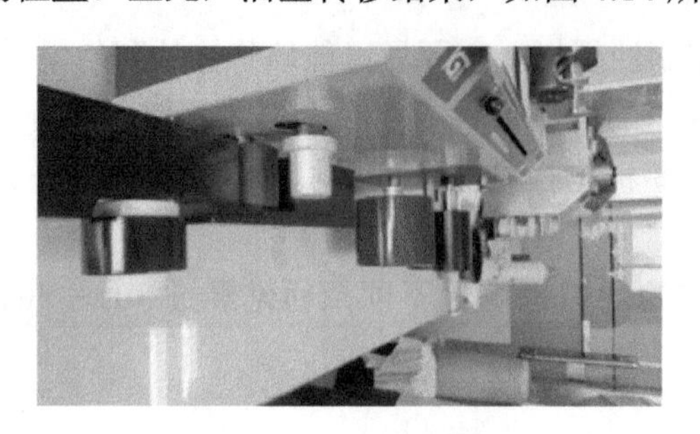

图 4.14 油墨转移结束

7. IGT 印刷适性仪印刷油墨样

整个印刷过程分为 3 个动作：放置待印材料、合压、印刷。

（1）放置待印材料。将准备好的待印纸张，以及完成油墨转移的印刷盘放置在指定位置，如图 4.15 所示。

图 4.15　放置待印材料

（2）合压。在待印材料放置妥当后，可以通过按压位于设备左侧面左上角的“合压”按键（图 4.16），实现印刷盘与压印辊的合压，如图 4.17 所示。

图 4.16 “合压”按键

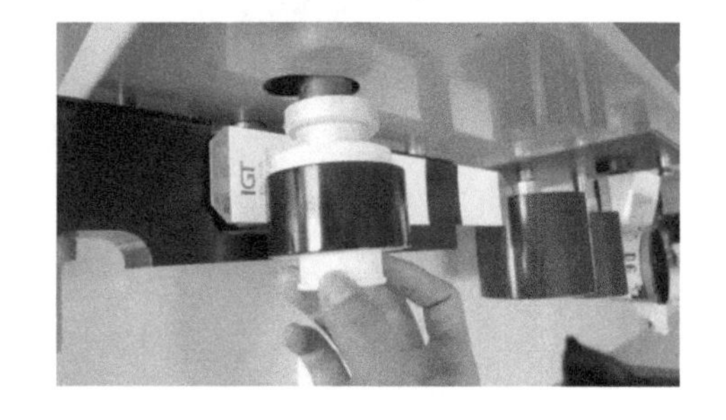

图 4.17　合压

注意：在印刷完成前，请保持“合压”按键的持续按压，切勿松开。合压前印刷盘与纸张不接触；合压后印刷盘与纸张接触在一起，如图 4.18 和图 4.19 所示。

（3）印刷。在保持“合压”按键不松开的情况下，按下位于设备右侧面右上角的“印刷”按键，IGT 印刷适性仪将执行印刷动作，完成油墨样的印刷工作，随后需将印刷完成的油墨样与介质板一起从设备上移除。图 4.20 为 IGT 印刷适性仪上的“印刷”按键。

图 4.21 和图 4.22 分别为开始印刷和印后效果。

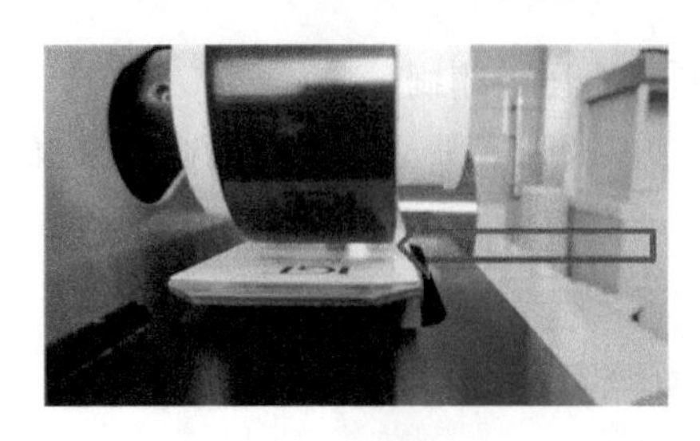

图 4.18　合压前状态

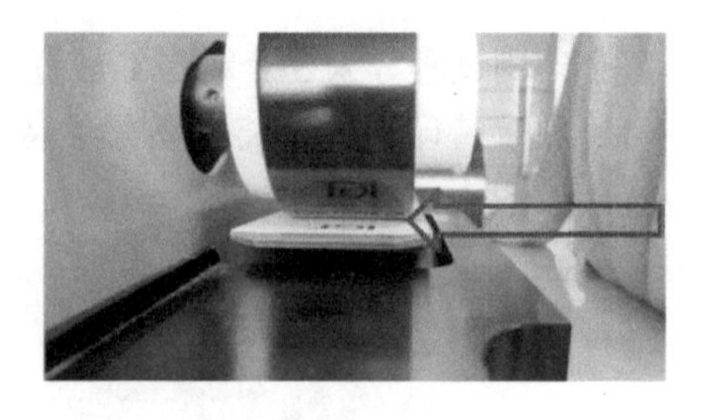

图 4.19　合压后状态

图 4.20　“印刷”按键

图 4.21　开始印刷

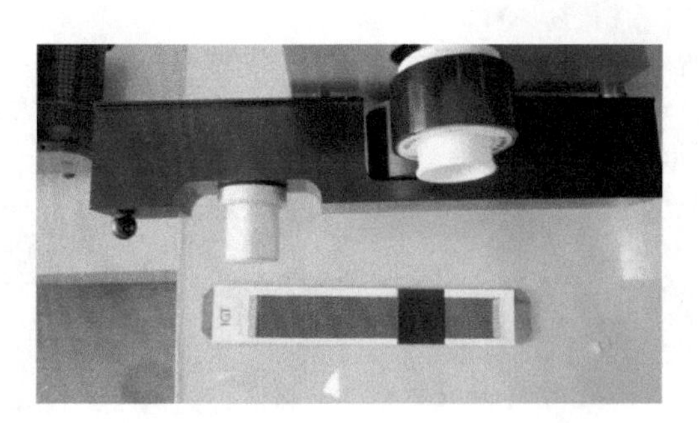

图 4.22　印后效果

8. 清洗 IGT 印刷适性仪

在完成油墨样印刷之后，还有一项很重要的工作要做，那就是设备的清洗。向匀墨系统加入适量的清洗剂，并按下“匀墨”按键，使匀墨系统运转起来，用两块干净的抹布分别压在两个金属匀墨辊上，以擦除剩余油墨，如图 4.23 和图 4.24 所示。

注意：做该动作时需要注意避免抹布随墨辊转动而被卷入匀墨系统。

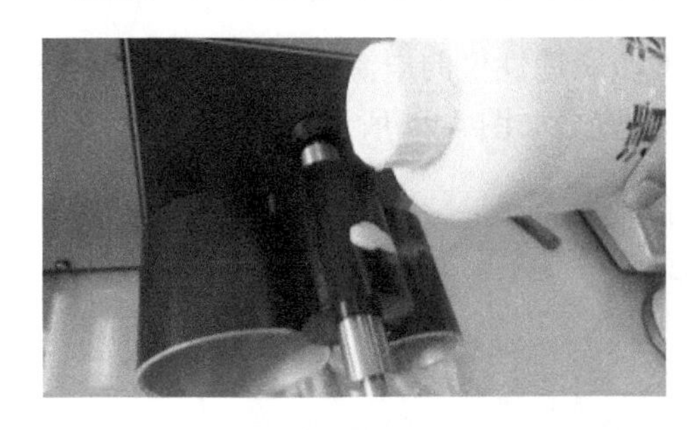

图 4.23　设备清洗

图 4.24　擦拭墨辊

如图 4.25 所示，使用带有清洗剂的抹布仔细清洗橡胶串墨辊，确保无油墨残留，否则将会影响后续其他颜色油墨打样。

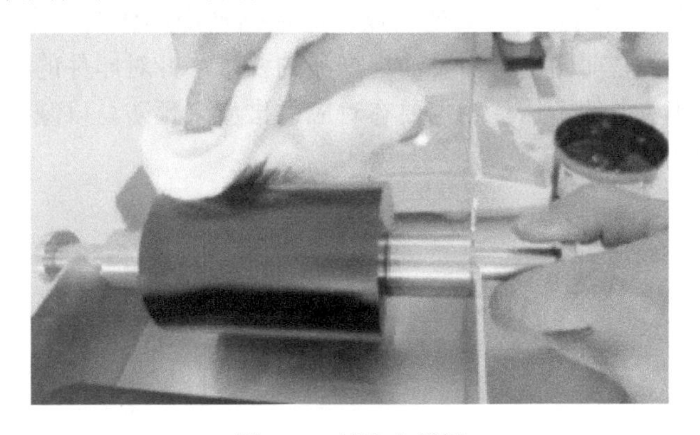

图 4.25　清洗串墨辊

如图 4.26 所示，使用带有清洗剂的抹布仔细清洗印刷盘，确保无油墨残留，否则将会影响后续颜色油墨打样；然后用带有清洗剂的抹布清洗调墨刀，确保无油墨残留。

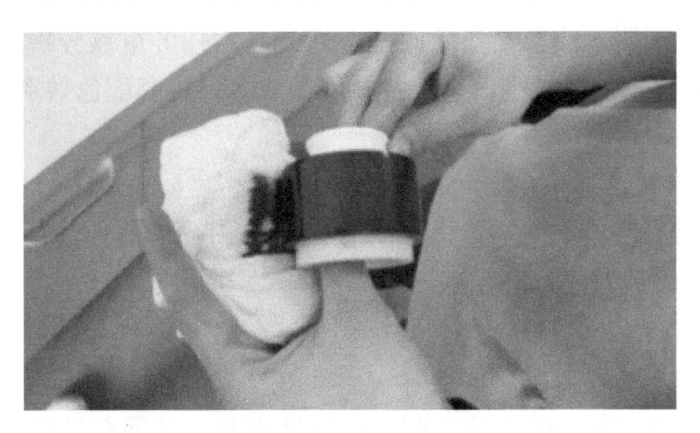

图 4.26　清洗印刷盘

9. 整理工作现场

完成本次油墨打样作业之后，请关闭IGT印刷适性仪的电源，并将工作现场整理干净，将所有工具、材料等恢复到指定状态、位置，如图4.27所示。

图4.27　整理工作现场

在实际使用中可能还会遇到其他问题，应根据油墨具体的结皮原因（干燥原理）分析和判断。在选购之前明确所需要油墨产品的要求，针对印件的特点选择最合适的油墨产品，印刷环境条件不达标的也要有对应的措施来预防，以减少油墨结皮故障的发生和印刷废品的产生。

任务二　人工调制专色墨

（一）任务解读

大多数印刷企业采用传统的人工调墨，主要依赖调墨工人长期积累的技巧与经验，采用人工方式完成油墨的批量调配工作，是一种简单、直接的调墨方法。因人工调墨容易受人为因素影响，如配墨量难以控制、对色过程油墨厚度难以控制、水准不稳定等造成调墨的精度不够、油墨浪费等问题，为此，本任务重点分析胶印生产中传统人工调墨工艺及操作要点，以减少调墨浪费，降低成本，提高配色效率和精度。

（二）设备、材料和工具

展色仪，电子天平，色度仪，色样，潘通专色墨，干燥剂，冲淡剂，调墨油，稀释剂，减黏剂，打墨纸，调墨刀，标准光源。

（三）课堂组织

学生5人为1组，实行组长负责制。调配结束时，教师对学生的操作过程及效果进行点评；现场按评分标准评分，并记录在实训报告上。

（四）操作步骤

以某印刷企业某款纸袋产品专色调墨为例，重点分析一般纸袋胶印生产中专色墨的调制工艺，其工艺流程如图 4.28 所示。

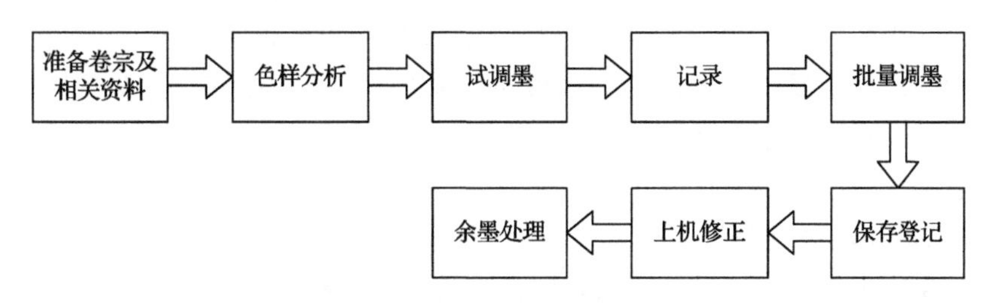

图 4.28 人工调制专色墨工艺流程

1. 准备卷宗及相关资料

根据排产单任务要求，到版房找到客户的卷宗（包含客户所需产品的规格、色样、分色稿、工单等资料的档案袋），检查卷宗里所有的材料是否齐全。判断产品色样是专色还是普通四色样，专色色样上的专色墨是由公司自己调配还是由油墨供应商提供；确定上机时间，保证色样准确；同时要注意产品的承印材料所要求的油墨及表面处理是否一致，分开调配；并考虑一些特殊油墨，如调配后放一段时间容易出现变色的油墨（色墨中含银墨，银墨放置一段时间后容易上浮结皮跑掉，引起油墨变色），调配好后要直接上机印刷。

2. 色样分析

在标准光源下，分析专色色样，估计基本组成颜色及比例，考虑承印材料对该专色呈色效果的影响。色样分析的方法：①凭经验判别。凭借调墨经验，通过视觉观察来估计配比。②借助潘通配色指南，对比色样，获取调墨配比。无论使用哪种色样分析方法都需要了解色差的计算原理。

测定自然光下两种油墨在同种纸张上印刷的色差。可得到标准墨和试样墨的 L、a、b 值分别为 L_1、a_1、b_1 和 L_2、a_2、b_2，计算相应的 ΔL、Δa、Δb 的值，进而得出色差 ΔE。其中 L 代表明度，a、b 代表色度（a 表示红至绿的变化，b 表示黄至蓝的变化）。ΔL 表示明度的差值，Δa、Δb 代表色度的差值。ΔL 为正值说明颜色偏浅，为负值说明颜色偏深；Δa 为正值说明颜色偏红，为负值说明颜色偏绿；Δb 为正值说明颜色偏黄，为负值说明颜色偏蓝。ΔE 表示色差值，ΔE 越小，色差越小，颜色越是接近；反之色差越大，颜色越偏离。其中油墨颜色在 L、a、b 空间中按式（4.1）计算。

$$\begin{cases}\Delta L = L_2 - L_1 \\ \Delta a = a_2 - a_1 \\ \Delta b = b_2 - b_1 \\ \Delta E = [(\Delta L)^2 + (\Delta a)^2 + (\Delta b)^2]^{1/2}\end{cases} \tag{4.1}$$

选定调配用的油墨类型，注意不同厂家油墨颜色效果有所区别。此外，还要使用必要的辅助剂，如干燥剂、冲淡剂、调墨油、稀释剂、减黏剂等，用以改善油墨适性。对于辅助剂，调墨时要控制好添加量。

注意：

（1）采用的油墨种类越少越好，可降低成本，也避免容易出现同色异谱的现象；不同厂家、型号的油墨不要混用，否则调制出来的油墨的颜色效果差、色泽度低。

（2）调墨前，要熟悉基本的四色墨的色彩表现能力及偏色情况；熟悉其他颜色（如桃红色、大红色、金红色、深黄色、淡黄色、绿色、射光蓝色等）色墨，清楚这些色墨所对应的颜色在色环图上的关系（图 4.29）。

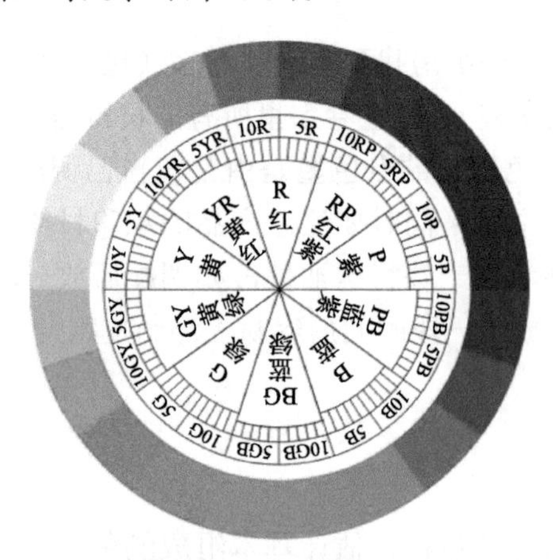

图 4.29　色环图

（3）因纸张对油墨的呈色效果有影响，要考虑选用的油墨在该产品纸张上刮样后的颜色变化趋向。例如，在印刷金银卡纸或非白色纸张时，白色油墨使用过量，虽然可以提高白度，但会遮盖纸张的颜色，影响色彩再现效果，且干燥较慢，造成产品背面粘花。

（4）调配淡色时，采用白色油墨冲淡会造成油墨传递性差、易乳化、光泽度低、易粉化，因此一般推荐选用透明白色油墨或将白色油墨与透明白色油墨混合；调配深色油墨时，如用于印刷次数多的产品或实地的墨色，则选用干燥快的油墨。

（5）选择油墨时，要考虑印后加工工艺。在油墨添加干燥剂时不可过量，若油墨干燥过快，表面晶化，易导致上光、覆膜不良。添加耐磨剂的量一般在 1% ～ 5%，过量会导致油墨表面结构变化，不利于上光和覆膜。

3. 试调墨

按照选定的原色油墨及估计的油墨比例，用电子秤称取少量的各色墨（称墨过程和调墨刀如图 4.30 所示），放到调墨台上。利用调墨刀把油墨搅匀，图 4.31 为手工搅墨过程。用一张打墨纸（一般是用 125g 的铜版纸切成的小纸片）点取微量油墨，放到另一张打墨纸上（中间位置），进行手动刮样（要均匀）。将刮好样的打墨纸从中间撕开，把该色样和标准色样拿到标准光源（图 4.32）下进行对色分析。若偏色，则判断颜色偏色方向，确定需要补充的油墨的类型、估计墨量，然后重复以上调墨过程，直到调配的油墨颜色与色样专色相近为止。

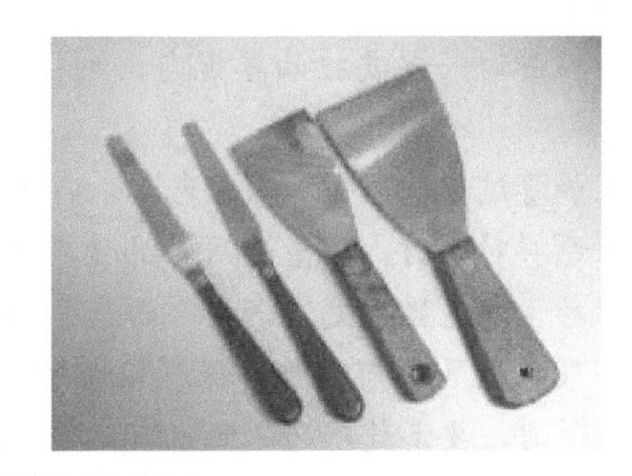

图 4.30　称墨过程和调墨刀

图 4.31　手工搅墨过程

图 4.32　标准光源

可利用 IGT 印刷适性仪（图 4.33）在色条上进行打样，打样效果与印刷效果更为接近。试调墨耗费的时间较长、过程烦琐，为了节约时间，往往先用手点刮样，再利用 IGT 印刷适性仪进行打样、微量调整。将对比色条样与标准色样对比，目测很相近时，可借用色度仪（图 4.34）测出对比色条样与标准色样的 ΔE（色差）值和 ΔL、

Δa、Δb 值，以帮助判断偏色情况。重复以上调墨过程，直到调配到符合客户要求的 ΔE 值及目测可以完全通过为止。

图 4.33　IGT 印刷适性仪

图 4.34　色度仪

注意：

（1）搅墨时一定要把油墨搅匀，刮样、点墨时要平整、均匀，厚度接近印刷样稿的厚度。

（2）调墨过程，应先加入主色墨，再逐步、少量地添加其他油墨。

（3）刮样对比时，尽量选用产品使用的纸张，注意干湿油墨的颜色不相同。一般，浅色干燥后，颜色显得更浅一些，而深色油墨干燥后，颜色会显得更深一些。

（4）展色仪展色前，要确保墨辊都清洗干净，否则容易出现混色。对展色仪的压力进行调节时，要清楚不同的纸张有不同的压力要求。

（5）调配过程中，若出现油墨偏色情况，可利用颜色互补的原理纠偏。如墨色偏黄，则可加入少许蓝紫色，调整色相。但互补色相互混合会产生消色，导致墨色饱和度降低。如果颜色存在明度差别，可利用冲淡油墨来纠正。

4. 记录

油墨调配好后，记录所使用的各种原色油墨类型、名称及耗墨量，以 g 为单位。

把最后符合要求的展色条贴到记录表（配方卡）上，记录色样及色条的检测数据（含 L、a、b、ΔE 值）；记录调墨的日期及调墨工作人员的名字；记录调墨使用的相关承印材料名称、种类、产品印刷幅面。

注意：调墨刀、调墨台上残余墨量会对计算耗量有一定影响，存在一定的误差。

5. 批量调墨

试调墨完成后，计算油墨使用的总量，根据配方进行批量调墨。

一批印刷品产品的用墨量一般靠经验来估算，主要考虑以下几方面：印刷面积、油墨印的深浅（厚度）、印量、损耗率、印刷机的最少上墨量，也可参考过去印刷同类产品时油墨用量的情况。

根据配方中各油墨的比例，按照油墨使用总量的要求，计算出所需要各色油墨的量，称取各色油墨，在调墨台上搅拌均匀。若油墨使用量较大（8～30kg），则采用搅拌机搅拌。

采用手点刮样的方式将批量调配好的油墨与之前试调墨时合格的油墨进行对色比较，若出现差异（出现差异的原因可能有配方出错、下墨量出错、下墨量计算出错），则重新计算用墨量，再通过适当添加少量其他辅助色墨来调整油墨的颜色，直到合格为止。对调配好的油墨添加必要、适量的辅助料，如干燥剂、冲淡剂、调墨油等。

注意：

（1）配方要准确，计算下墨量时不要出现计算错误，下墨称量时要称量准确，以减少误差。

（2）调墨时要完全搅拌均匀。

（3）对比批量调制的油墨与之前试调的合格油墨色样时，油墨厚度要一致，且要在标准光源下对色。

（4）油墨的适性也是很重要的，油墨要具备一定的黏度及流动性，适当地加入干燥剂。

6. 保存登记

把调制的油墨装到油墨罐中，或直接在墨盘内封好（墨盘内封存一般会在薄纸上涂一层防干剂，然后盖在墨盘上面，防止油墨结皮）。贴上油墨标签（内容包含客户名、产品名称、油墨色相、油墨质量、印刷数量、调墨日期和承印机台）。

注意：油墨标签不要登记错误，油墨要合理存放。

7. 上机修正

机台人员到墨房领取该产品的专色油墨，装到机台上进行印刷生产，校色，并印刷出样张。分析样张专色质量，若出现颜色偏差，及时分析原因，在原有墨的基础上直接纠偏。

展色仪展色与印刷机印刷条件不同，样张颜色与展色条色彩是有差别的，因此，油墨颜色一般需要进行微调纠偏，以达到生产要求。要特别留意机台洗车是否干净，这将直接影响到印样的颜色效果。

8. 余墨处理

印刷完毕后，将机台印刷剩余油墨用油墨罐装好，贴好油墨标签，存放到剩余油墨架上，以待下次印刷，或调配成其他颜色的油墨。存放时一定要分类存放，做好登记，以备盘点检查、再利用。

（五）调墨案例分析

下面是某款油墨生产工单（图 4.35）、纸袋产品的卷宗（图 4.36）及标准色样（图 4.37）。标准色样（蓝色）的色度检测数据：*L* 为 30.38；*a* 为 1.97；*b* 为 −12.21。

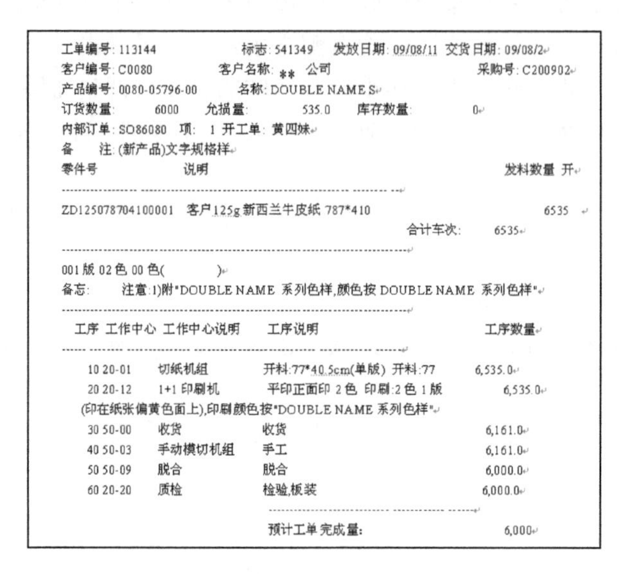

工单编号: 113144　　标志: 541349　发放日期: 09/08/11　交货日期: 09/08/2
客户编号: C0080　　客户名称: ** 公司　　采购号: C200902
产品编号: 0080-05796-00　　名称: DOUBLE NAME S
订货数量: 6000　允损量: 535.0　库存数量: 0
内部订单: SO86080　项: 1　开工单: 黄四妹
备　注: (新产品)文字规格样
零件号　　说明　　发料数量　开

ZD125078704100001　客户125g新西兰牛皮纸 787*410　　6535
合计车次: 6535

001 版 02 色 00 色(　　)
备忘:　注意:1)附"DOUBLE NAME 系列色样,颜色按 DOUBLE NAME 系列色样"

工序	工作中心	工作中心说明	工序说明	工序数量
10	20-01	切纸机组	开料:77*40.5cm(单版) 开料:77	6,535.0
20	20-12	1+1 印刷机	平印正面印 2 色 印刷:2 色 1 版 (印在纸张偏黄色面上),印刷颜色按"DOUBLE NAME 系列色样"	6,535.0
30	50-00	收货	收货	6,161.0
40	50-03	手动模切机组	手工	6,161.0
50	50-09	脱合	脱合	6,000.0
60	20-20	质检	检验,板装	6,000.0

预计工单完成量: 6,000

图 4.35　油墨生产工单

图 4.36　卷宗

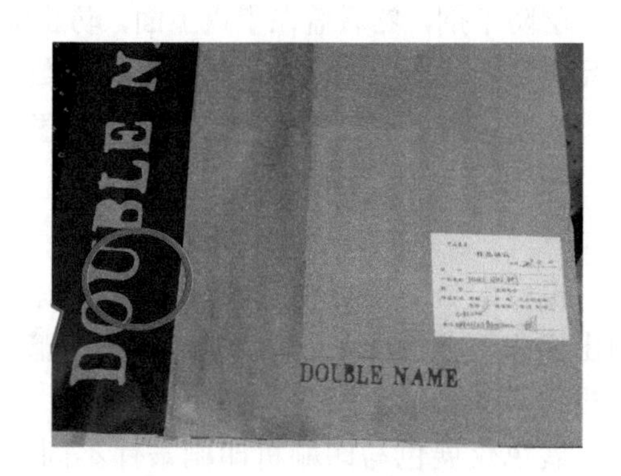

图 4.37　标准色样（圆圈部分）

根据色样分析，专色为深蓝色，纸张采用新西兰牛皮纸，客户对油墨没特别要求，可直接用普通四色油墨调配，估计油墨组成及配比：四色蓝油墨 55%、四色红油墨 35%、四色黑油墨 10%。一般新西兰牛皮纸印刷后会偏红、偏暗，而且干得越透颜色越红、越暗。这种纸张对白色油墨的反应较大，所以要注意白色油墨的使用。

为了更好地利用油墨，减少剩余油墨的浪费，降低成本，可利用蓝红色的废旧油墨进行调配。但要注意，该颜色的废旧油墨浓度不宜过低、过暗，调配过程应添加适量的调墨油。

该产品专色为蓝图案部分，实际面积不大（约 40cm×8cm），印量为 15 000 张，但印得较深（大墨），所以估计耗墨总量为 6kg 左右，要一次性调配所有用墨。

将选好的蓝红色废旧油墨倒到玻璃台面搅匀，由于铜版纸刮样与新闻纸色样效果差别很大，因此采用展色仪展色，在新西兰牛皮纸（表面比较粗糙）上能达到较好的展色效果。专色蓝油墨具体调制过程如表 4.1 所示。

表 4.1　专色蓝油墨具体调制过程

调墨过程	基本做法	颜色判断	色差数据	色条样	说明
第一次	加入蓝红色废旧油墨（约 5.3 kg），展色仪展色	颜色偏红较多，而且发暗	ΔE：6.04 ΔL：-0.61 Δa：2.81 Δb：4.51		色差较大，需要消除红色、开鲜
第二次	直接开蓝（加蓝色油墨，约 0.7 kg）	色条颜色已接近，不过有点发暗	ΔE：2.44 ΔL：-1.64 Δa：0.05 Δb：2.75		色差较大，需要开鲜。开鲜有两种方法：一是加鲜艳的油墨，如射光蓝色油墨和桃红色油墨；二是加白色油墨。对于现在这个颜色蓝红差不多的情况，一般选择第二种方法加白色油墨。因为纸张较暗，加白色油墨就可以覆盖住纸底的颜色，所以颜色就马上鲜起来
第三次	加白色油墨（1kg）	遮住底色，鲜度接近，颜色接近，仍有少量偏蓝、偏绿且欠点鲜	ΔE：1.55 ΔL：-0.71 Δa：1.06 Δb：0.48		色差基本符合，但还需要开红、开鲜
第四次	加入少量的桃红色油墨（0.05kg）	颜色基本一致	ΔE：1.55 ΔL：-0.42 Δa：0.31 Δb：1.81		油墨越是干透越是偏红，而且自然干燥还会红一点。所以油墨调制到此即可上机印刷
总墨量	7.05kg				

专色蓝油墨调制完毕后，直接上机印刷，初次印张颜色和色样对比，欠一点红色，结合过去案例分析，一般深色墨干燥后会显得颜色更深，因此该产品不宜调配过红，只要在油墨中略加少许的四色红油墨即可印刷生产。印刷色样（图 4.38）与客户提供的标准色样基本一致。印样干透后测量的数据：ΔE 为 0.28；ΔL 为 -0.39；Δa 为 0.01；

Δb 为 0.38，完全符合客户的要求。

图 4.38　印刷色样

最终，该专色蓝油墨调配总量约 7.05kg，印刷生产用样约 6.5kg，余 0.55kg，存在余墨架内以待下次印刷或调配其他颜色。

任务三　配色系统调制专色油墨

（一）任务解读

计算机配色系统调制专色油墨的基本原理是，将生产上配色所用油墨的颜色数据，预先储存在计算机中，应用这些数据计算出利用这些油墨配得与原稿色相同颜色的比例，从而达到实现配方的目的。图 4.39 为计算机配色系统调制专色油墨的基本流程图。

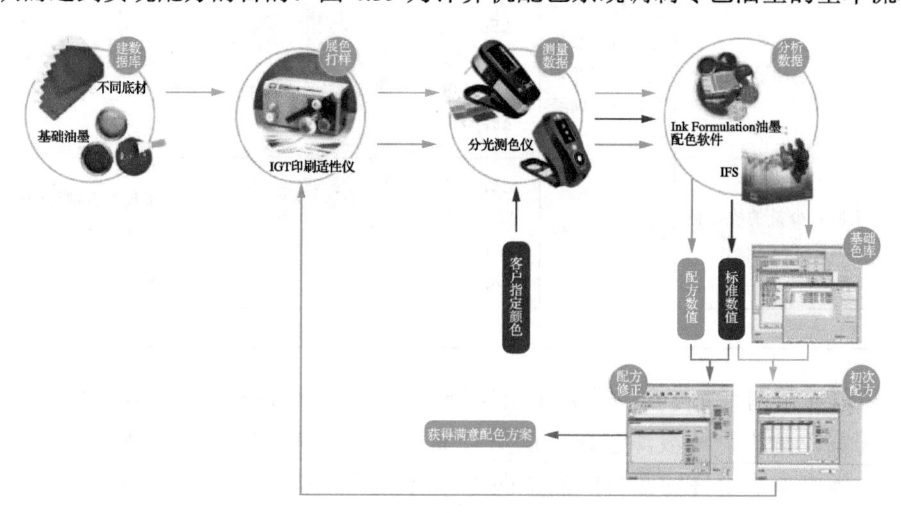

图 4.39　计算机配色系统调制专色油墨基本流程图

（二）设备、材料和工具

打样机或 IGT 印刷适性仪（图 4.40），电子天平（图 4.41），分光光度仪。打样条选用 128g/m^2 的双面铜版纸，裁切成 10cm×5cm 规格、潘通色卡（图 4.42），并以该色卡上的 1565C（颜色编号 1565，C 代表涂布纸）为标准色，配制一个新的专色。Y、M、C、K 四色油墨，白色油墨，荧光橙、荧光黄等，标准光源（图 4.43），配色软件，调墨刀等。

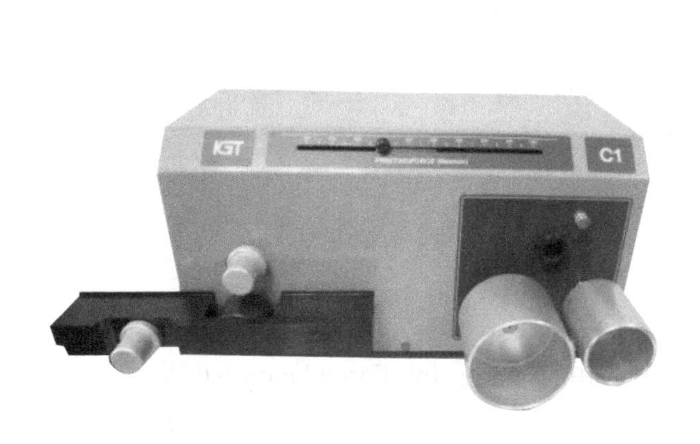

图 4.40　IGT 印刷适性仪

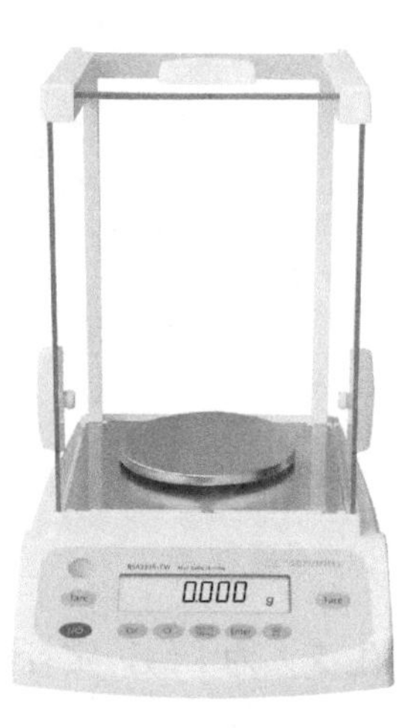

图 4.41　电子天平

（a）C 系列

（b）U 系列

图 4.42　潘通色卡

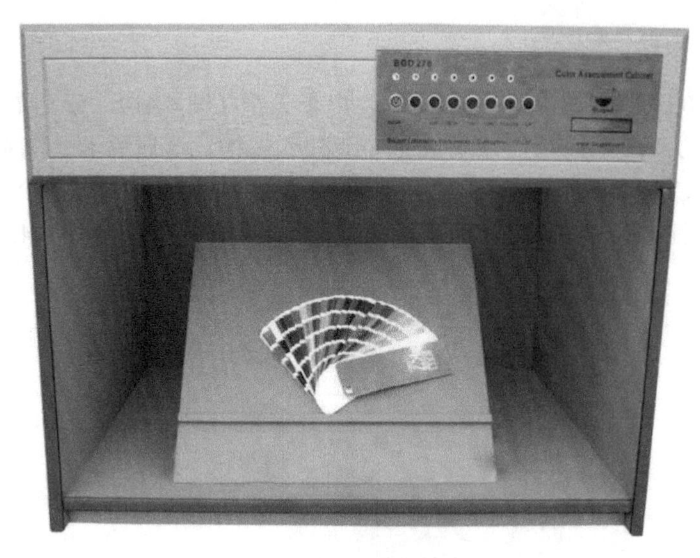

图 4.43　标准光源

（三）课堂组织

学生 5 人为 1 组，实行组长负责制。由教师演示 Ink Formulation 6.0 版软件的参数设置及操作方法，学生动手实践。当调配结束时，教师对学生的操作步骤及效果进行点评；现场按评分标准评分，并记录在实训报告上。

（四）操作步骤

1. 建立基础油墨数据库

基础油墨数据库的准确性直接影响专色墨调制的准确性和效率。基础油墨的品牌、种类数量及印刷基材的选用等，要根据企业的生产实际情况确定，一般需要选十几种基础色墨备用，建立适合涂布纸与非涂布纸的两个油墨数据库。这里选用潘通系列的 12 种油墨、128g/m^2 的双面铜版纸，建立适合涂布纸的基础油墨数据库。

（1）将每种基础色墨与透明白墨按 2%、4%、8%、16%、32%、64%、90%、100% 的比例分别配成 10g（精度为 0.001g）样墨。

（2）使用 IGT 印刷适性仪将样墨（绘博油墨）打出色样条（图 4.44），IGT 印刷适性仪压力取 400N，注墨量为 0.12mL，匀墨时间为 100s，给纸样上墨时间为 30s。要求每个样墨打出 3 个色样条，同时打出 3 条透明白墨色样，并准备好 3 张印刷用白纸样。

图 4.44　绘博油墨样条

（3）将分光光度仪预热 3min，并连接至计算机配色系统。待色样条上的油墨完全干燥（常温下约 1h）后，依次测量白纸样、透明白墨色样和所有不同浓度基础油墨色样的光谱反射率数据。在配色系统中设置测量次数为“6”，即在每张色样条或白纸样上取 2 点（选择墨色均匀的部位）测量，一共测 6 次，目的是尽量减少测量误差。图 4.45 为不同浓度的基础色墨色样条。

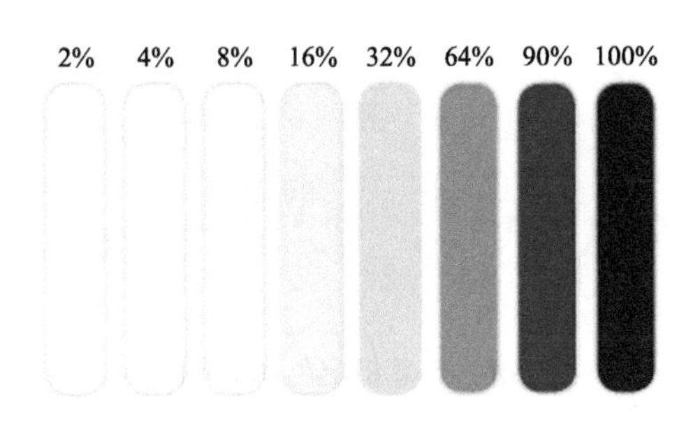

图 4.45　不同浓度的基础色墨色样条

这里对色样条测量所得的是光谱反射率数据，因为光谱反射率最终决定某个颜色的色相、明度和饱和度，具有高度的准确性。分光光度仪将每次测量采集到的各测量点的光谱反射率数据，经过复杂的运算转换，以直观的 L 值、a 值、b 值显示出来，等 3 个测量结果传输至计算机后，配色系统自动求取平均值并记录下来。此后，在系统里输入每种油墨的价格、需要调配的油墨总量等信息，所有工作完成后，基础油墨数据库就建成了。整个基础油墨数据库的建立过程非常烦琐，需要细致和认真的操作。

2. 样本测量

用分光光度计测量样本（客户要求的颜色，又叫目标色，这里指 1565C）的颜色数据传至计算机，配色系统会记录样本色的反射光谱数据，并转换成 L 值、a 值、b 值显示出来（图 4.46 中的 C)。配色系统根据目标色的数据，自动从基础墨色数据库中进行合理匹配，迅速生成专色配方（图 4.46 中的 B)。系统能提供多个可选配方，并按各种指标对配方进行排序，从中选择最优的配色方案。这些指标包括色差、反射率曲线吻合度、同色异谱程度、配色成本等，由用户确定这些指标的优先顺序，系统就将对应的配方进行排序。这里选择色差（ΔE）最小为优先指标，系统选择的配色方案如图 4.46 中的 B 所示。

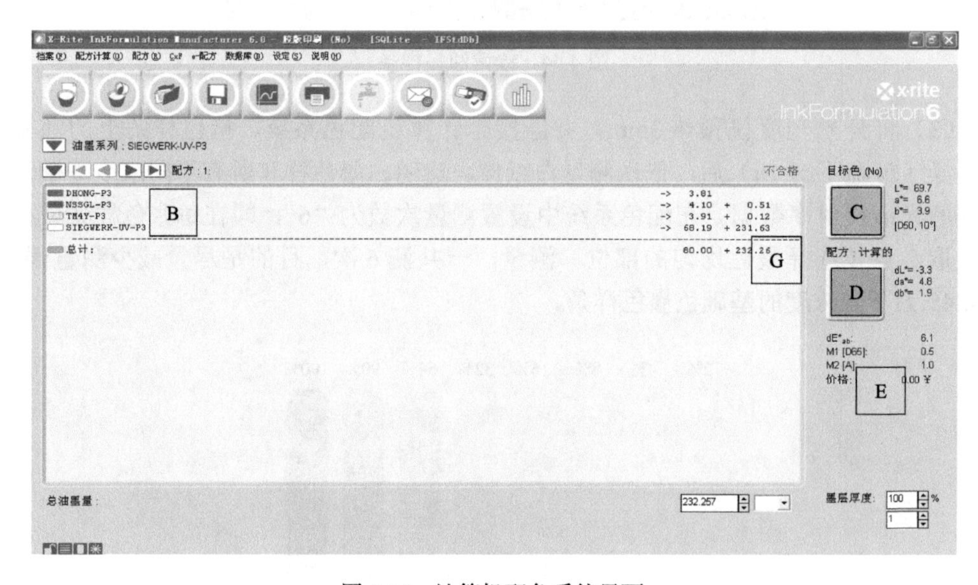

图 4.46　计算机配色系统界面

3. 人工调色

根据配方显示的用墨品种和比例，将事先设定的调配总油墨量（图 4.46 中的 G)，按各自的比例，用高精度电子天平分别称取相应量的暖红色油墨、橙色油墨、透明白油墨，人工搅匀。

4. 打色样

将调配好的油墨，用 IGT 印刷适性仪打出色样条，操作方法和参数标准同建立基础油墨数据库的第（2）步，打出 3 个色样条备用。

5. 色样测量

将干燥后的色样条，用分光光度仪测量 6 个点的光谱反射率数据。操作方法同建立基础油墨数据库的第（3）步，系统自动求取平均值并记录下来。

6. 色差计算

计算机配色系统按事先设定的优先指标——色差，自动求出目标色和按配方所得墨色（简称“配方色”）的 L、a、b 的差值（图 4.46 中的 D），并计算出两者的色差值（图 4.46 中的 E）。

7. 配方修正

如果配方色与目标色的色差太大，不在要求范围之内，可以在计算机配色系统的菜单“配方”下选择“修正配方”，配色系统会给出新的解决方案。按修正配方比例，将人工调色、打色样、色样测量等工作重复一遍，直到色差值在要求范围内、配方合格为止。

8. 配色结果评价

（1）色差评价。色差是用数值的方式表示两种颜色给人视觉上的差别，值越小代表色差越小，值越大代表色差越大。在实际生产中，要求调墨的色差：一般产品 ΔE 小于等于 3.00，高端产品 ΔE 大于等于 1.00。色差值与人的视觉感受程度如表 4.2 所示。色差值的大小与测量时分光光度仪选用的光源有关，光源不同，色差值也不同。这里的色差值（图 4.46 中的 E），在 D65、A（白炽灯）、D50 这 3 种光源条件下，计算的色差值分别是 0.3、0.2、0.1。无论选用哪种光源计算所得的色差值，都在 0 ～ 0.5，说明目标色和配方色之间的差别很小，达到了行业要求的高端产品配色标准。

表 4.2 色差值与视觉感受程度

色差值	视觉感受程度
0 ～ 0.5	微小色差，几乎感觉不出
0.5 ～ 1.5	小色差，感觉轻微
1.5 ～ 3.0	较小色差，感觉不明显
3.0 ～ 6.0	较大色差，感觉明显
>6.0	大色差，感觉强烈

（2）光谱反射率曲线吻合度评价。吻合度是指两个颜色的光谱反射率曲线的重合程度，通过对比分析目标色与配方色的光谱反射率曲线，就能看出两者的差别。若光

谱反射率曲线形状大致相同，交叉点和重合段多，则表明同色异谱程度低。图 4.47 为目标色与配方色的光谱反射率曲线，波长在 420 ～ 500nm、620 ～ 700nm 段曲线基本重合，而在 500 ～ 620 nm 段曲线高低交替波动，说明两者对这个波长段光线的反射率有差异，存在同色异谱现象。由于色差很小，同色异谱的程度也就非常低。

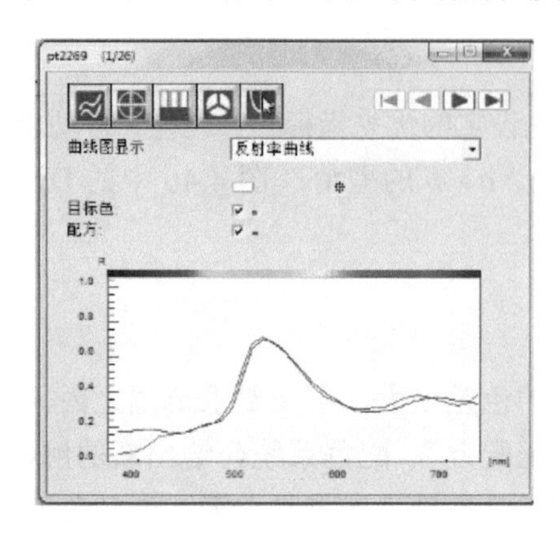

图 4.47　目标色与配方色的光谱反射率曲线

（3）同色异谱效应评价。在一种光源下看上去颜色相同的两个色样，换成另一种光源照明时，两个色样之间出现了明显差别，这种现象称为同色异谱效应。同色异谱效应可以由改变色度观察条件或改变照明体而造成。改变色度观察条件对同色异谱效应的影响一般很小，因此主要考虑照明条件改变对同色异谱效应的影响。图 4.48 所示的每个测试色块由目标色（左）和配方色（右）组成，在 D65、A、D50 3 种照明光源下的色差都小于 3，进一步说明目标色和配方色的同色异谱程度低，即使改变照明条件，也感觉不出两者的差异。

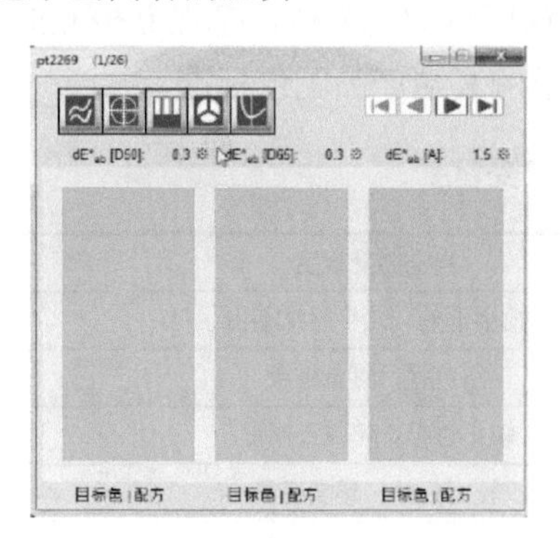

（a）不同照明条件下的同色异谱测试

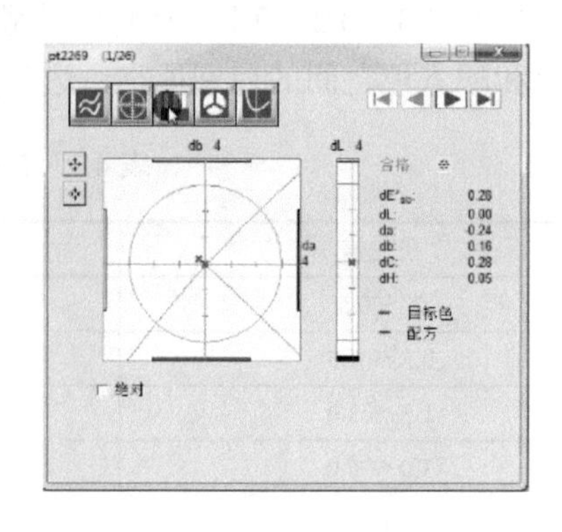

（b）同色异谱测试数据

图 4.48　目标色与配方色的同色异谱测试

任务四　废弃油墨的回收利用

（一）任务解读

随着社会的发展，印刷行业不断取得进步，其清洗印刷机的废液和废墨量不断增加（全球废弃油墨年排放量已达几十万吨），而废墨的处理方法（大多采取焚烧和掩埋）并不环保，对环境造成了极大的污染。

本任务基于对清洗废液和废墨的再生处理与利用，将废墨调成黑色油墨，用于产品的印刷，既可减少对环境的污染，又可废物利用。

在印刷企业收集的废弃油墨，其表面（胶印废弃油墨）有大量的油墨皮和块状物、颗粒较粗，里面含有大量的清洗剂（有机溶剂）和水（润版液），而且产生了严重的乳化现象。

（二）设备、材料和工具

水浴锅，轧墨机，搅拌器，密度计，无水乙醇，补色剂，三颈瓶，冷凝管。

（三）课堂组织

学生 5 人为 1 组，实行组长负责制。在进入实验室之前，务必穿好实验服，熟悉化学药品、化学仪器的使用规范，注意自身安全；当实验结束时，教师对学生的操作步骤及油墨回收质量进行点评；现场按标准进行评分，并记录在实训报告上。

（四）操作步骤

收集废弃油墨，先去除油墨中较大的块状物和油墨皮。油墨的颗粒较粗，因此采取以下 2 种方法进行处理。

① 轧墨机碾轧法。使用轧墨机对油墨进行反复碾轧处理，轧墨机的压力和存在的速差对油墨有挤压和研磨作用。

② 共沸蒸馏法。在共沸蒸馏处理中，利用加入无水乙醇溶剂及搅拌器进行搅拌，使油墨的颗粒变细。本任务采用共沸蒸馏法对废弃油墨进行处理。

1. 共沸蒸馏法

共沸蒸馏法是一种使用与水共沸的共沸剂（如无水乙醇），将试样中含有水和有机溶剂的混合物进行蒸馏的方法。此方法可以将试样中的水和部分有机溶剂蒸馏分离为单独的组分。

共沸蒸馏法包含下列基本步骤。

（1）蒸馏，在比大气压更高的压力和有共沸剂存在的条件下，将待蒸馏的含有水和有机溶剂的混合物进行蒸馏，从而将混合物分离成含有机溶剂回收馏分和含有水的馏出物馏分。

（2）冷凝，可得到两种物质：一种是塔顶馏出物，塔顶馏出物里主要是有机溶剂，可将馏出物回收、分离或利用；另一种为塔底馏出物，主要是水分，最后去除水分馏出物。图 4.49 为蒸馏小试装置。

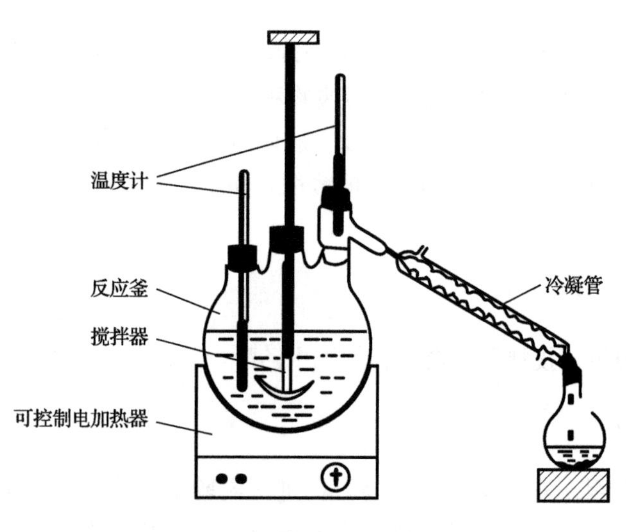

图 4.49　蒸馏小试装置

2. 共沸蒸馏废弃油墨

（1）将试样里的块状物和油墨皮去除后，取 200g 的废弃油墨样品加入反应釜中，再加入无水乙醇 100mL。

（2）安装好仪器，接口处用胶带和绝缘硅胶密封，以防漏气。

（3）打开搅拌器，控制转速至 60r/min、温度 75 ～ 95℃，蒸馏。

（4）待无明显水分馏出时，结束蒸馏。

（五）结果表示

1. 馏出物结果分析

废弃油墨中含有一定的水和一定量的有机溶剂，通过加入无水乙醇，让水和乙醇形成共沸物。如图 4.50 所示，在 78.2℃条件下，水和乙醇形成共沸物，加热蒸馏，水－乙醇共沸物被蒸馏出来，从而除去水分和部分有机溶剂，有利于废弃油墨的调配。

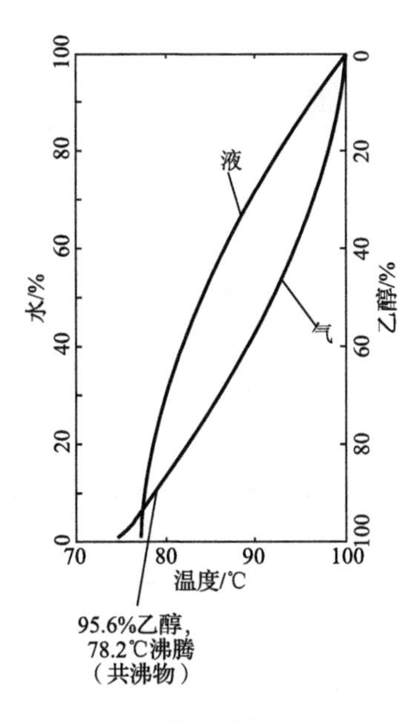

图 4.50 乙醇和水的气－液相图

蒸馏完毕，冷却，最后试样的质量大约为 150g，水分馏出物的质量约为 10g，有机溶剂馏出物的质量约为 40g。馏出物结果：水量占总量的 5%～6%，蒸馏出的有机溶剂约占 20%。

2. 蒸馏后的试样测试及分析

蒸馏完毕，取下试样冷却，此时试样大约有 150g。

制作样张后，用密度计测定油墨密度，分别用 R、G、B 滤色片测定，测定的相对密度分别为 0.39、0.94、0.95。

从所测得的数据来看，油墨呈现中性灰偏红，而且密度不够，所以不能用于印刷。

3. 对试样调色处理后的结果与分析

因蒸馏后的试样偏红色，且密度不足，需要纠正油墨的色偏及增加油墨的密度。按照补色原理，在试样中应加入炭黑（增加密度）及蓝紫色颜料（纠正色偏）。经过多次测试，最后添加了约 10g 的炭黑、3g 的酞菁蓝及 2.5g 射光蓝膏，添加了约 10mL 的干燥剂，在轧墨机中反复进行碾轧，最后加入调墨油调制均匀。

用调制均匀的油墨制作样张，将其与用标准黑墨制作的样张在密度方面进行对比，并将试样样张和标样样张的外观进行比较，如图 4.51 所示。用反射密度计测定 100% 实地样张密度，与标准黑墨的密度进行对照（在同样的纸张和相同的墨层厚度的条件下测试），结果如表 4.3 所示。

图 4.51　标样样张和试样样张

表 4.3　标准黑墨与试样黑墨的密度对比

密度	滤色片		
	R	G	B
标准黑墨密度	1.23	1.31	1.35
试样黑墨密度	1.17	1.20	1.23

从表 4.3 中标准黑墨和试样黑墨的密度数据来看，通过蒸馏和补色，调试后试样黑墨的密度基本和标准黑墨的密度相近，能够满足印刷时黑墨实际密度的要求。

4．试样黑墨的印刷性能测定

（1）色差测定。

使用爱色丽色差分析仪——色差计，测定自然光下 100% 实地的两种黑墨在同种纸张上印刷的标记之间的色差，可以得到标准黑墨和试样黑墨的颜色差别程度，即色差。计算公式参考项目四任务二公式（4.1）。

根据所得结果和在印刷时色差对人眼刺激而导致的感性认识之间的关系，可以得出两种油墨在印刷过程中的适用性。色差与人眼的感觉之间的关系见表 4.4。

表 4.4　色差的感性认识

色差 ΔE	人眼的感觉
<0.1	不可分辨
0.1 ～ 0.2	专家可分辨
0.2 ～ 0.4	一般人可分辨
0.4 ～ 0.8	一些部位严格控制的色彩范围

续表

色差 ΔE	人眼的感觉
0.8 ～ 1.5	常用控制色差范围
1.5 ～ 3.0	分开似乎是相同颜色
>3.0	明显色差
>12	不同颜色名称

（2）颜色检验。

① 将试样黑墨与标准黑墨以并列刮样方法进行对比，检测试样油墨是否符合标准油墨的质量标准。

② 将试样与标样用玻璃棒调匀，然后取标样少许，滴于垫好橡皮垫并已经将上端固定好的低密度高压聚乙烯（LDPE）薄膜的左上方，再次取试样少量滴于右上方，两者相邻但不相连。

③ 用丝棒自上而下用力将墨在 LDPE 膜上刮成薄层。

④ 效果检视：检视时涂布有墨量的 LDPE 膜的下方需衬有 150g/m^2 的铜版纸。

⑤ 检验试样与标样的面色是否一致。

⑥ 若试样与标样面色有明显差别，可将试样重复多次在相同位置刮样，直到两者颜色感觉一致。记下对试样进行刮涂的次数。

（3）细度的测定。

细度是指油墨中颜料、填料等固体粉末在连接料中分散的程度，又称为散度，它表明油墨中固体颗粒的大小及颗粒在连接料中分布的均匀程度，单位为 μm。油墨的细度好，说明固体粒子细微，油墨中固体粒子分布均匀。细度使用刮板细度仪测定。具体操作步骤如下。

① 将刮板细度仪及刮刀擦拭干净，并使用玻璃棒将试样油墨调匀。

② 用玻璃棒取少量油墨，置入刮板细度仪 50μm 处，油墨量以能充满沟槽而略有多余为宜。

③ 双手持刮刀，将刮刀垂直竖在磨光平板上端，在 3s 内将刮刀由沟槽深的部位向浅的部位拉，使试样油墨充满沟槽，而平板上不留余墨。刮刀拉过后，立即观察沟槽中颗粒集中点（不超过 10 个颗粒），记下读数。

④ 观察时视线应与沟槽成 15° ～ 30°，并在 5s 内迅速准确读出集中点数。读数时应精确到最小刻度值。

⑤ 为得到更加精确的检测结果，检测应平行进行 3 次，结果取 2 次相近读数的算术平均数，2 次误差不应大于仪器的最小刻度值。

5. 试样黑墨印刷性能的测定结果与分析

（1）色差的测定结果与分析。

在同样的纸张和相同的墨层厚度的条件下测试，标准黑墨与试样黑墨的色差结果如表 4.5 所示。

表 4.5　标准黑墨与试样黑墨的色差结果

油墨	颜色值					
	L	a	b	ΔL	Δa	Δb
标准黑墨	20.22	2.52	6.57	2.94	−0.04	0.39
试样黑墨	23.16	2.48	6.96			
ΔE	2.97					

表 4.5 中的 ΔL 为正值，表明试样黑墨较标准黑墨颜色浅，这可能是由于试样黑墨在回收之前已被严重乳化。黑墨乳化严重，则其分散性较差，从而导致黑墨饱和度降低。Δa 为负值，说明试样黑墨经色偏校正以后偏红现象有所缓解，两种黑墨的色差值 ΔE 为 2.97，由表 4.4 可知，两种黑墨分开印刷时可具有相同颜色感觉，故所配制的再生黑墨完全可用于一般单黑产品的印刷。

在实际的油墨处理过程中，收集处理的油墨种类不一样，颜色也不同，所以在调色处理过程中所加补色剂的种类和数量也不一样，应按照补色基本原理，通过实际操作，调整补色剂的种类和数量，使其颜色和密度与标准色一致，以满足印刷的要求。

（2）颜色检验结果与分析。

通过刮样测定，颜色测定结果如表 4.6 所示。

表 4.6　颜色测定结果

颜色测定	标准黑墨	试样黑墨一次涂布	试样黑墨二次涂布	试样黑墨三次涂布	试样黑墨四次涂布	试样黑墨五次涂布
试样与标样比 /%	100	85	90	95	96	96

由表 4.6 可知，经过一次涂布的试样黑墨与标准黑墨相比，颜色差距较大，这可能是由于油墨乳化后的颜料粒子的分散性较差，色彩较为浑浊，与标样的色相差别明显。随着涂布次数的增多，试样黑墨与标准黑墨之间的颜色差别逐渐减小。由表 4.6 中的数据还可以得出，当试样黑墨的涂布次数为 4 次时，与标准黑墨相比得到的结果为 96，而随着涂布次数的继续增加，与标样的颜色差别不再减小。由此可知，严重乳化的油

墨难以达到与标准油墨精确一致的颜色感觉。

（3）细度的测定结果与分析。

使用刮板细度仪对黑墨细度进行测定，取相近结果的平均数作为黑墨的细度值。黑墨细度测定结果如表 4.7 所示。

表 4.7　黑墨细度测定结果　　单位：μm

细度测定实验	标准黑墨细度	试样黑墨第一次测定	试样黑墨第二次测定	试样黑墨第三次测定
测定结果	16	20	22	19
细度值	16	20.3		

由表 4.7 可知，试样黑墨的细度比标准黑墨的细度稍大，可能是被乳化的原因。

油墨的细度关系到黑墨的流变性、流动度及稳定性等印刷适性，油墨的细度差、颗粒粗，在印刷中会引起堆版现象，而且因为颜料的分散性不均匀，油墨颜色的强度不能得到充分的发挥，故而影响油墨的着色力及干燥后墨膜的光亮程度。

在印刷材料价格不断上涨的情况下，废弃油墨回收利用可以更有效地节约有限的资源，降低生产成本，起到废物利用、保护环境、增强企业竞争力的作用。

知识拓展

一、计算机配色系统的优点

（1）准确，避免同色异谱。

（2）快速，配色效率高。

（3）经济用墨、降低成本。

（4）余墨可利用、减少库存。

（5）实现数据化管理，对人的经验的依赖减少。

二、计算机配色系统的仪器、材料及其作用

（1）配色软件（Ink Formulation 6.0）、IGT 印刷适性仪。

① 可以建立基础油墨数据库。

② 可以打印专色油墨样条，用于比对目标专色和配色结果。

③ 可以重复打样。

④ 可以重复设置压力、厚度、速度。

⑤ 墨层厚度应该尽量接近印刷厚度。

（2）Eyeone 分光光度计（图 4.52）。

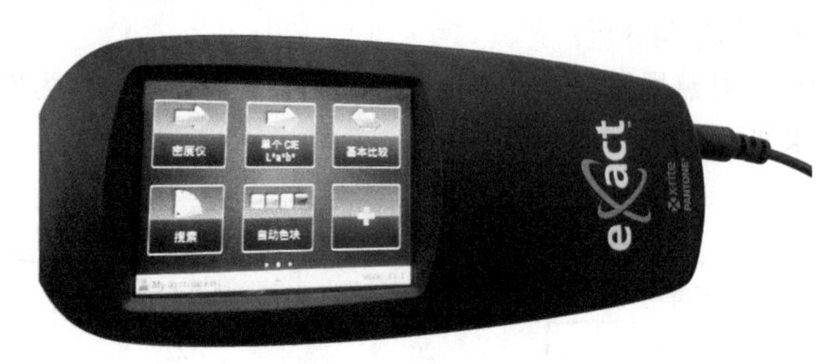

图 4.52 Eyeone 分光光度计

① 可以获取目标专色色彩信息。

② 可以比较色差。

（3）标准多光源灯箱。

① 可以模拟多种光源环境，供对比色样用。

② 可以设置（滤镜、光源、视角）。

（4）高精度电子天平。

① 通过校正，测量结果可以精确到 3 位数。

② 制作基础油墨数据库时，计算上墨量。

③ 检视配色配方时的精确称量。

（5）油墨。

① 选择不同原色油墨，所选油墨的性能要稳定。

② 选择一种或多种冲淡剂。

③ 选择至少一种基材。

（6）承印物（包括卷筒纸、特种纸、复合纸）。

① 质量稳定。

② 基材表面可印刷。

③ 可以测量。

④ 属性类别。

三、计算机配色系统调墨步骤

（1）建立基础油墨数据库。这是油墨配色的开始，也是油墨配色系统中至关重要的部分。基础油墨数据库的准确性，是整个系统准确性的基础。

（2）计算目标专色配方。用配色软件定义目标色、墨层厚度，选择基材，以及定义色料类型，如图 4.53 ～图 4.56 所示。

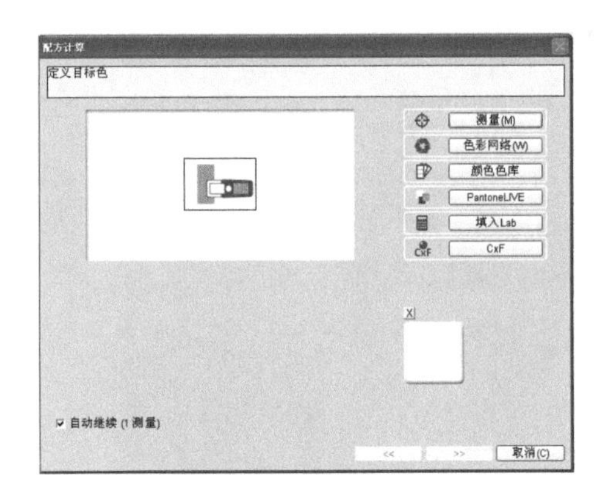

图 4.53　定义目标色

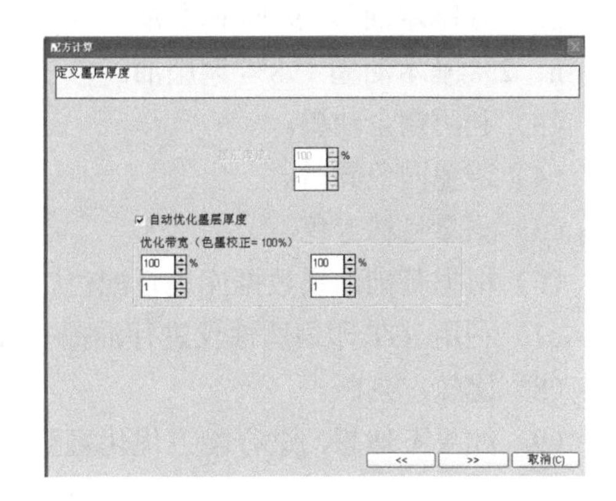

图 4.54　定义墨层厚度

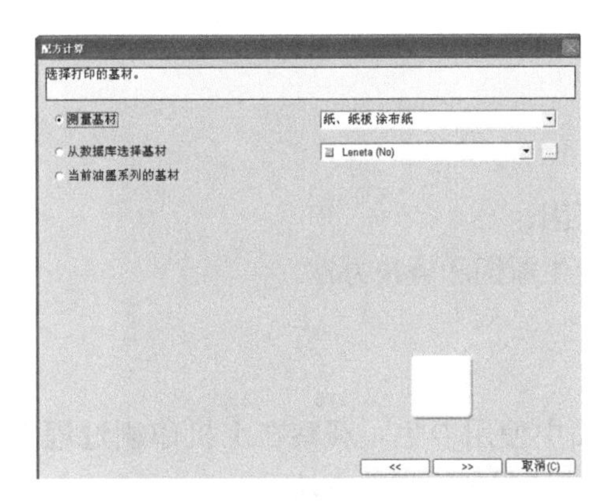

图 4.55　选择打印的基材

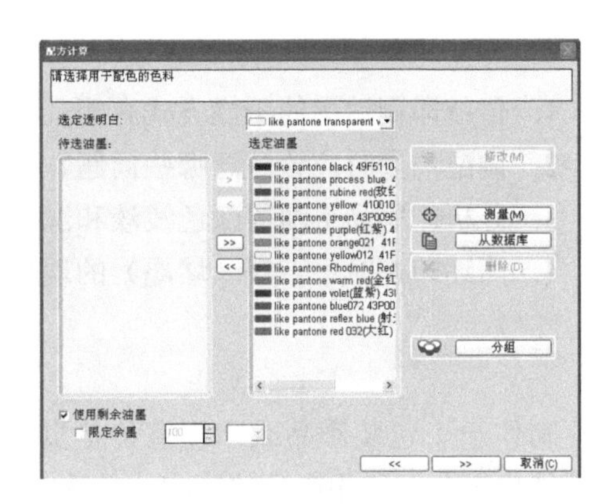

图 4.56　定义色料类型

主要有以下步骤：

① 设置参数。

② 测量纸基。

③ 测量调墨油（维利油）。

④ 测量基本油墨：

a. 100% 基本油墨。

b. 90% 基本油墨 +10% 调墨油。

c. 64% 基本油墨 +36% 调墨油。

d. 32% 基本油墨 +68% 调墨油。

e. 16% 基本油墨 +84% 调墨油。

f. 8% 基本油墨 +92% 调墨油。

g．4% 基本油墨 +96% 调墨油。

h．2% 基本油墨 +98% 调墨油。

（3）利用剩余油墨。

（4）避免同色异谱。

（5）测量目标专色。

（6）根据基础油墨数据库进行配色。

（7）利用 IGT 印刷适性仪进行油墨打样。

（8）比较，判断。

（9）如果不理想，进行配方优化直至满意。

练习与测试

一、简答题

1．传统印刷油墨的干燥方式有哪几种？

2．调配油墨时应该注意哪些问题？

3．分析印刷品上油墨颜色浅淡和深暗的原因。

4．简述印刷时不下墨（堵墨）的现象、产生原因和解决办法。

二、能力训练题

制作一个包装产品或印刷宣传单页，作品中使用专色。观察在上机印刷过程中，油墨结皮现象对印刷产品的影响，并选择最佳的油墨结皮调整方法。

项目五　印版输出和印版性能检测

背　景

印版是连接印前和印刷的中间环节，印前的印刷图文先输出到印版上，再通过印版转印到承印材料上。印版是由版基和版面两部分组成的，版基是印版的支持体，具有一定的机械强度和化学稳定性；版面是由图文部分和空白部分构成的，具有选择接受油墨的功能，印刷时只有图文部分能够接受油墨和传递油墨。印版的制作和性能检测是印前制版人员必备的技能。

能力训练

任务一　印版输出

目前国内平版印刷中主流印版有两大类：CTP 印版（computer to plate，计算机直接制版，通过 CTP 机激光曝光）；PS 印版（presensitized plate，预涂感光版，通过晒版机碘镓灯一类“常规”光源曝光）。本任务所使用的版材为光敏型 CTP 印版。

（一）任务解读

利用方正畅流数字化工作流程软件，经过规范化、预飞、折手、拼版等工艺处理后，将提前制作好的图文信息进行印版的制作及输出。

（二）设备、材料和工具

印版曝光机（DL8500），冲版机，柯达印版（光敏型 CTP 版材）（尺寸为 550mm×650mm，厚度约为 0.27mm），显影液，补充液，pH 试纸，温度计等。

（三）课堂组织

学生 5 人为 1 组，实行组长负责制。当印版输出结束时，教师对学生的印版输出步骤及效果进行点评；现场按评分标准评分，并记录在实训报告上。

（四）操作步骤

（1）制作图文信息。

（2）启动方正畅流数字化工作流程软件。

① 规范化。接收 TIFF、PDF、EPS、PS、PRN、S2、PS2、S72 等页面描述文件，将上述文件进行分页，转换成单页面、自包容的 PDF 文件。

② 预飞。在输出一个印刷作业前对数据文件进行预检，以发现数据文件在页面、图片、文字等各方面的问题，最大程度地避免时间和成本的浪费，保证正确的输出结果。

③ 折手。将多页的小页文件，按对应位置以特定方式拼成大版，以便印刷后经过折叠再现出设计者意图的页序。图 5.1 为进行双面印刷时折手处理的界面，图 5.2 为页面置入后的样张效果。

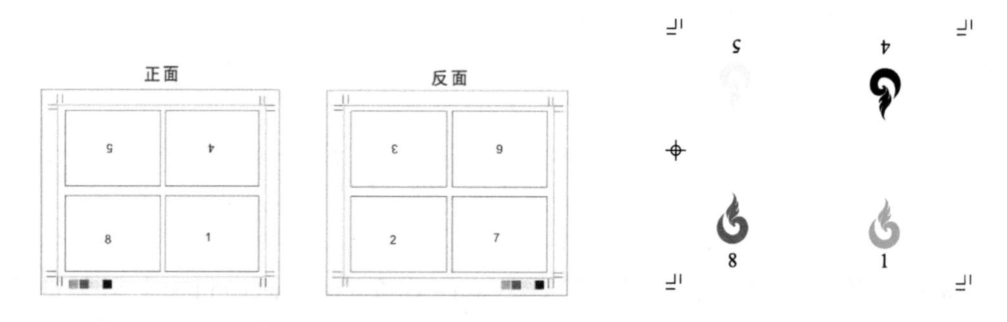

图 5.1　进行双面印刷时折手处理的界面　　图 5.2　页面置入后的样张效果

④ 拼版。拼版在作业中作为独立的处理器节点存在，前后均不与其他节点相连。它接受“规范化器”“边空调整”“页面裁切”“自动合版”“PDF 合并”“PDF 工具”等节点处理后的文件。拼版前，用户需向“拼版”节点手动提交要拼版的页面。拼版作业如图 5.3 所示。

图 5.3　拼版作业

准备工作的参考步骤如下。

a．打开或新建一个作业。

b．添加节点，确保作业中至少包含“规范化器”和“拼版”节点。

c．选取文件，提交“规范化器”处理。

d．选中规范化后的页面文件，手动拖动至“拼版”节点上。

⑤ RIP（raster image processor，光栅图像处理器）前拼版。先将页面拼成大版再RIP，即先完成各个页面的排版及不露白，接着进行各页面的拼大版作业，然后将文档送到 RIP 进行处理。

⑥ RIP 后拼版。先 RIP 页面，再拼大版。这种方式适合包装、标签类印刷范围。

⑦ 点阵导出。将 PDF 挂网以后的文件作为点阵文件，后端的输出设备应该是照排机和 CTP，输出模块后端是 Eagle Blaster 软件，它的作用是将畅流系统与输出设备相连。Eagle Blaster 软件同时完成自动拼页和点阵预览的处理。点阵导出后可以看到图 5.4 所示的各印版图文效果，借助于 Eagle Blaster 软件上的放大镜工具可以观察到网点的形状，如图 5.5 所示。

图 5.4　PDF 挂网后效果图

图 5.5 点阵导出网点预显

（3）曝光。本任务使用的曝光设备为方正雕龙 8500，其与前端 Eagle Blaster 软件紧密连接在一起，图像数据从 RIP 上下载到制版机中。位于制版机背面的电源打开后，会出现 MMI（人机界面）初始化窗口，上版平台和 MMI 触摸屏位于制版机的前端，可以在下载作业文件的同时持续不断地将版材推入照版机（注意：确保在上版之前将衬纸拿开）。按“确认上版”按钮，然后版材就会被推入鼓中，如果将版材留在上版台上超过 6 min，将有“灰雾”的危险。

（4）显影。将前端曝光后的版材上的不可见图文信息进行显影处理，在此之前需将机器预热至一定温度。显影包括显影、水洗、烘干。

注意：务必将后端补充液管子插入补充液桶。

（5）烤版。为了增加印版的耐印力，通常需将版材拿到烤版机中进行烤版处理。

（6）涂保护胶。若制版的印版暂时不用，则需要在版材表面涂布一层保护胶。

任务二 印版亲水性的检测

（一）任务解读

CTP 印版主要有光敏型印版和热敏型印版 2 种。光敏型印版由于对光线敏感，在进行曝光的过程中必须关闭光源，只允许打开黄色安全灯；而热敏型印版可以在正常的光源照射下工作。对于印版来说，应对其亲水性能进行检测。

（二）设备、材料和工具

印版曝光机（DL8500），冲版机，已经冲好的版材，iCPlate 印版测试仪，脱脂纱布，视频光学接触角测量仪。

(三) 课堂组织

学生 5 人为 1 组，实行组长负责制。印版亲水性检测结束时，教师对学生的操作步骤进行点评；现场按评分标准评分，并记录在实训报告上。

(四) 操作步骤

第一步：选取试样。选取一定尺寸的版材，使用 CTP 机内置长方形实地条，在一定的分辨力下，选取合适的曝光能量，对试样进行扫描制版（若因条件设置所需，使同一张版材上制出曝光能量从低到高的不同长方形实地条，则试验时选取能量相同的实地部分作为着墨性试验点)，然后用水显影。在沿版材对角线方向，离边 10cm 以上部位，裁切为 3.0cm×3.0mm 规格的试样 5 块，在裁切时，需保证试样表面洁净、均匀，边沿平整。

第二步：调节仪器及测量。调节室温在 (25±0.5)℃，相对湿度为 50%，水滴体积为 2.0μL，出水速率为 2.0μL/s。将水滴释放至试样表面并与注射针针头分离的时刻记为 t=0，分别拍取 t=10s 和 t=2min 时刻的水滴照片，并使用 SCA20 软件系统中的 L-Young 法，找出“三相点”，测量静态接触角 θ，以比较各样品之间及同一样品不同时间点的静态接触角。

接触角指的是在一块水平放置的光滑固体表面上滴加少许液体，待液滴在固体的表面达到平衡时，在气、液、固三相交界处，气－液界面和液－固界面之间的夹角通常以 θ 表示。θ 取决于固体表面能、液体表面张力及固－液界面能间的平衡关系，从 θ 的数值可以看出液体对固体的润湿程度。著名的杨氏方程揭示了 θ 与 3 个界面张力之间的关系：

$$\cos\theta=\frac{\gamma_{固-气}-\gamma_{固-液}}{\gamma_{液-气}} \tag{5.1}$$

由式（5.1）可以得到如下结论：

（1）当$\gamma_{固-气}=\gamma_{固-液}$时，$\cos\theta=0$，$\theta=90°$，系统处于润湿与否的分界线。

（2）当$\gamma_{固-气}>\gamma_{固-液}$时，$\cos\theta>0$，$\theta<90°$，此时称为润湿；$\theta\to 0°$，完全润湿，固体表面表现出亲液性，如图 5.6 所示。

（3）当$\gamma_{固-气}<\gamma_{固-液}$时，$\cos\theta<0$，$\theta>90°$，此时称为不润湿;$\theta\to 180°$，完全不润湿，固体表面表现出疏液性，如图 5.7 所示。

第三步：用脱脂纱布在版材上提墨，用清水冲洗后观察着墨情况，以内实地部分着墨是否均匀厚实、空白部分是否完全干净作为着墨性和亲水性的评价标准。

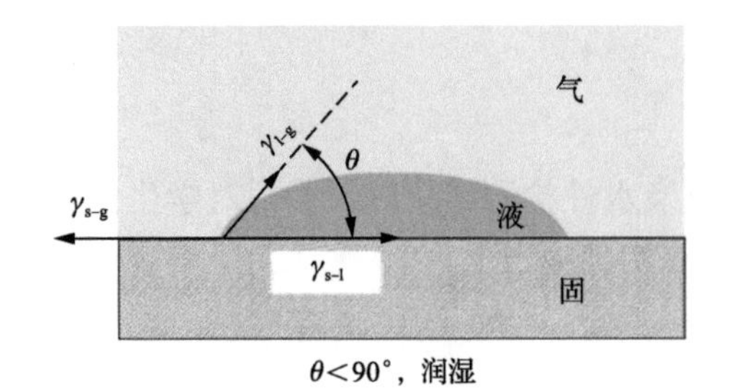

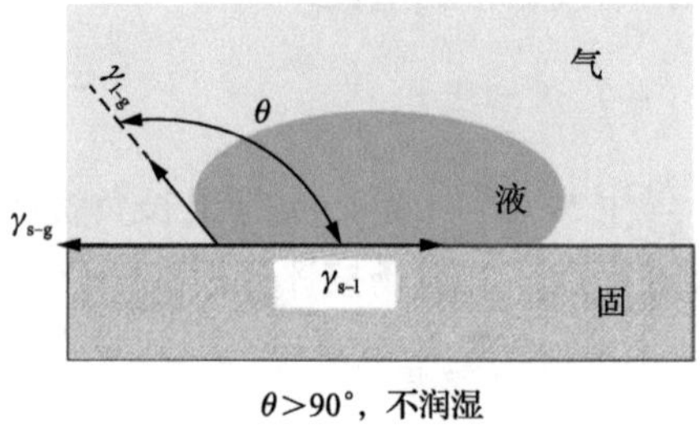

θ<90°，润湿

图 5.6　接触角小于 90° 液滴形状、接触角与润湿的关系

θ>90°，不润湿

图 5.7　接触角大于 90° 液滴形状、接触角与润湿的关系

注意：虽然传统意义上的疏水性和亲水性是按照接触角 90° 作为划分界限的，但在实际生产中，由于性能需要，涂层配方中经常会添加一些亲水性的表面活性物质，因此呈现亲墨性的图文区常常会出现接触角小于 90° 的情况。在保证空白区亲水性能合格、显影不上脏的前提下，只要图文区和空白区的亲水性能反差达到一定程度，即可满足印刷的要求。

任务三　印版留膜率和空白密度的检测

（一）任务解读

显影过程是影响网点再现的主要因素之一，若显影参数设置不合适，即使曝光参数是最佳的，最终显影出来的版材也不能满足印版要求。在实际印版生产中，只有做到了显影液、显影参数与版材类型的一一对应，才能保证显影后 CTP 印版的质量。评价 CTP 印版显影质量的两个重要指标是留膜率和空白密度。

（二）设备、材料和工具

晒版机（方正雕龙 8500），CTP 显影设备，印版测试仪为 X-Rite iCPlate Ⅱ型，FIT 阳图热敏型 CTP 版材。

（三）课堂组织

学生 5 人为 1 组，实行组长负责制。每人领取 1 份实训报告，当检测结束时，教师对学生的操作步骤进行点评；现场按评分标准评分，并记录在实训报告上。

（四）操作步骤

（1）设定显影温度和显影速度。

设置 25.0℃、25.5℃、26℃ 3 个显影温度；在每个显影温度下，设置 1 200mm/min、1 300mm/min 2 个显影速度。

（2）显影处理。在设定好的显影温度下，根据设定的 2 个显影速度对 CTP 版材进行显影处理。

（3）根据设置显影温度和显影速度的不同进行分组，测量显影过程中的相关数据，包括实测显影温度、实测显影时间、平均留膜率、空白密度等，并通过测量版基密度和利用酒精检验判断版材是否干净。在留膜率测量过程中，每组选 5 个测点，取其平均值为实测值。记录数据并通过对留膜率的测量来判断留膜率和空白密度是否符合标准。

（4）测量过程中，允许显影温度在设定温度和实际温度偏差范围内波动。通过多次测量，在表 5.1 中填写相关数据，最后确定输出最佳状态印版时的显影温度和显影速度。

表 5.1　不同设置温度和速度下印版的相关数据

显影温度 /℃	显影速度 /（mm/min）	实测显影温度 /℃	实测显影时间 /s	平均留膜率 /%	空白密度	酒精检验	版基密度
25.0	1 300						
	1 200						
25.5	1 300						
	1 200						
26.0	1 300						
	1 200						

任务四　CTP 线性化曲线的制作

（一）任务解读

CTP 校正曲线也称为 CTP 的线性化曲线。在出版过程中，CTP 版曝光量、显影温度、显影时间都会影响出版的网点大小，通过 CTP 线性化曲线可使 CTP 曲线成一直线，即设置是 30 的网点，出来的网点就是 30%。

（二）设备、材料和工具

EPSON 喷墨打印机，输出的 CTP 版，打样纸，色差计，iCPlate Ⅱ 印版测试仪。

（三）课堂组织

学生 5 人为 1 组，实行组长负责制。各组成员务必熟悉印版的输出操作工艺及实训室安全准则，当 CTP 线性化曲线制作结束时，教师对学生的 CTP 线性化曲线制作步骤进行评价；现场按评分标准评分，并记录在实训报告上。

（四）操作步骤

1. 曲线校正

（1）在不加任何曲线的条件下，设定编辑页面的信息，如图 5.8 所示，设置好分辨率、输出设备等。

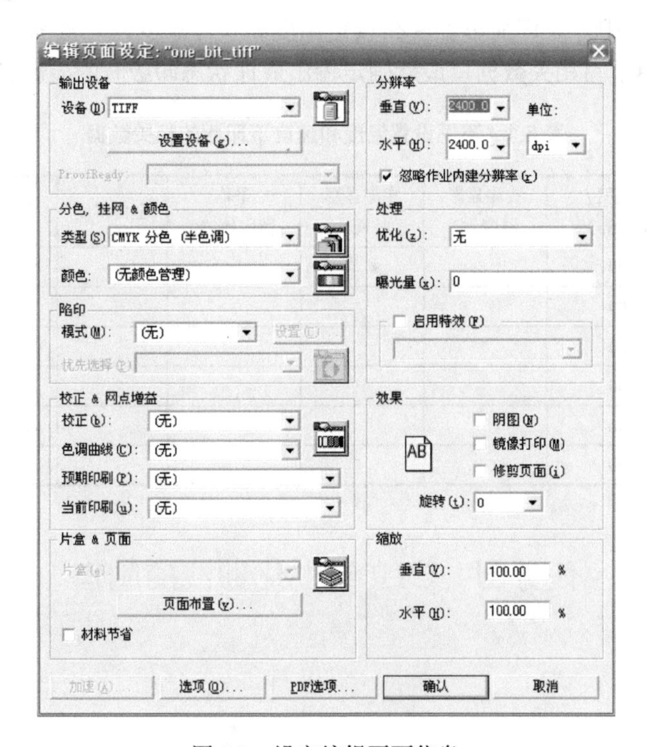

图 5.8　设定编辑页面信息

（2）借助打印机打印未加校正曲线的测试条，打印校正参数如图 5.9 所示，可得到如表 5.2 所示的测量数据。

（3）将表 5.2 中的测得数据输入校正曲线模板，效果如图 5.10 所示，最后可以得到一条校正曲线，如图 5.11 所示。

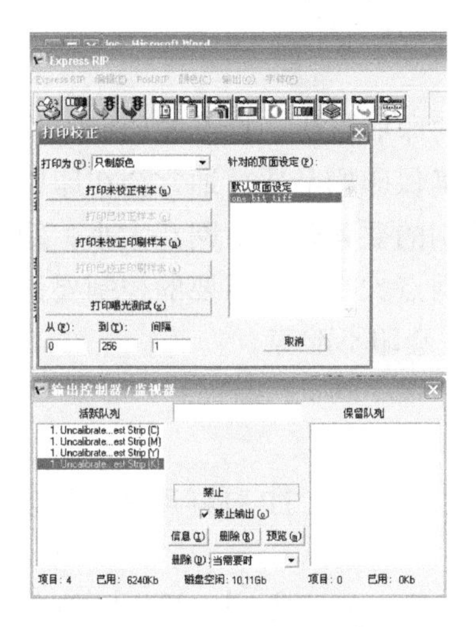

图 5.9　打印校正参数

表 5.2　测得的数据

文件数据	0	2	4	6	8	10	15	20	30	40	45	50	55	60	70	80	85	90	92	94	96	98	100
CTP 版	0	1	3	5	7	9	13	18	29	39	44	50	56	61	71	81	86	91	93	95	97	98	99

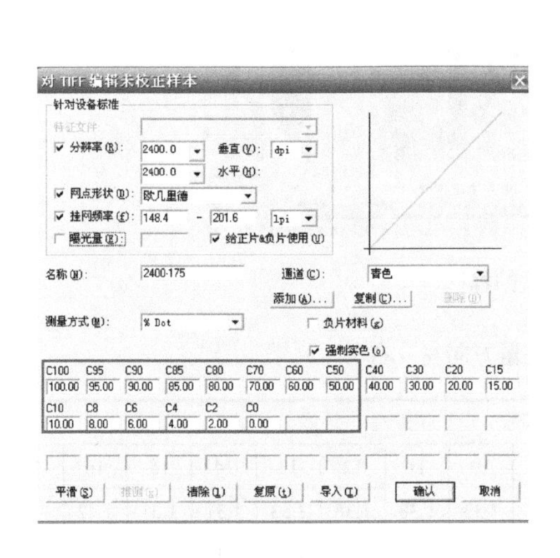

图 5.10　将测量所得的数据输入校正曲线模板

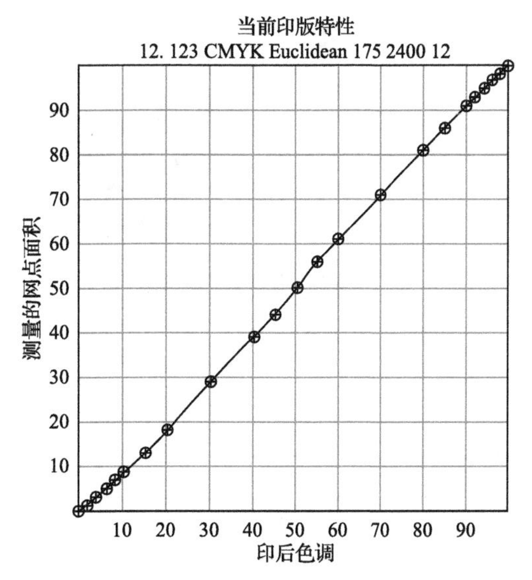

图 5.11　一次校正曲线

如果一次校正不理想，可进行二次校正。

2. 标准印刷

直线印刷的前提是标准的印刷过程，标准的印刷过程包含了许多因素，这些因素直接影响印刷的品质。为了确保印刷品质，通常会在印刷标版上加各种色标、测控条去监控印刷。印刷过程所控制的要素包括：网点大小、颜色复制的真实程度、印刷过程的稳定性，其中叠印区的网点大小是最重要的控制要素，其他影响印刷质量的因素还有环状白斑、糊版、起脏、套印不准等。

3. 判断曲线拉伸

判断曲线拉伸的方法有 3 种：① CTP 打样测试；②使用单色传统打样机正常密度打稿；③测试样张。

本任务中选择第 3 种，即测试样张方法。图 5.12 为待测试的样张，可见，样张中有多个色块、颜色梯尺等信息。使用密度计测量样张上的色块，可得如表 5.3 所示的数据，将所得数据使用图片的形式表达，即印刷均匀图，如图 5.13 所示。

图 5.12 待测试的样张

表 5.3 样张 1 数据（测量方向左～右）

密度	色块编号																
	1	2	3	4	5	6	7	8	9	10	11	12	13	14	15	16	17
C	1.5	1.41	1.39	1.43	1.36	1.38	1.39	1.41	1.37	1.33	1.36	1.36	1.33	1.31	1.31	1.42	
M	1.47	1.41	1.36	1.34	1.36	1.39	1.37	1.41	1.48	1.46	1.44	1.39	1.42	1.42	1.33	1.36	1.18
Y	1.08	1.04	1.01	1.04	1.02	0.98	0.95	0.98	1.01	1.00	1.01	0.96	0.97	0.94	0.97	0.98	0.98
K	1.28	1.25	1.30	1.39	1.42	1.41	1.41	1.35	1.39	1.31	1.32	1.28	1.31	1.30	1.25	1.24	1.33

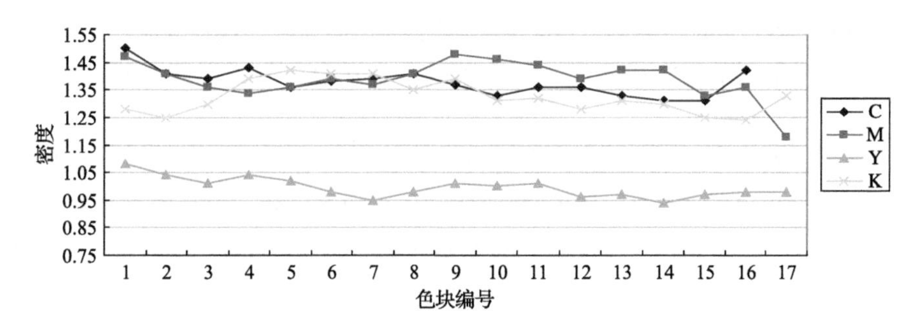

图 5.13 印刷均匀图

由表 5.4 所示的样张 1 网点扩大数据作图，可以看出 50% 处网点扩大数据，网点扩大最大值为 22%，最小值为 15%。利用同样的方法，测定样张 2，得到表 5.5 所示的数据及表 5.6 所示的网点扩大数据。

表 5.4 样张 1 网点扩大数据（测量方向 2～100）

网点	2	4	6	8	10	15	20	25	30	35	40	45	50	55	60	65	70	75	80	85	90	95	97	98	99	100
C	1	5	9	12	15	23	30	39	45	51	57	64	72	78	82	84	88	91	94	96	98	100	100	100	100	100
M	1	5	7	11	13	21	27	34	40	47	52	59	65	72	76	81	84	87	91	94	97	99	100	100	100	100
Y	1	4	8	11	14	21	28	35	42	49	55	61	68	74	80	85	89	91	94	96	99	99	99	99	99	100
K	2	6	9	12	15	23	30	37	43	50	56	63	70	75	79	82	86	90	93	96	98	99	100	100	100	100

表 5.5 样张 2 数据（测量方向左～右）

密度	1	2	3	4	5	6	7	8	9	10	11	12	13	14	15	16	17
C	1.58	1.38	1.32	1.35	1.31	1.37	1.37	1.40	1.36	1.32	1.42	1.33	1.33	1.32	1.23	1.38	
M	1.45	1.45	1.38	1.37	1.34	1.35	1.39	1.42	1.50	1.47	1.48	1.40	1.39	1.38	1.34	1.35	1.19
Y	1.09	1.02	1.00	1.06	1.05	1.01	1.03	1.04	1.07	1.08	101	1.00	1.02	1.03	1.02	0.95	0.95
K	1.24	1.22	1.16	1.23	1.26	1.28	1.22	1.18	1.24	1.19	1.20	1.13	1.15	1.12	1.16	1.16	1.21

表 5.6 样张 2 网点扩大数据（测量方向 2～100）

网点	2	4	6	8	10	15	20	25	30	35	40	45	50	55	60	65	70	75	80	85	90	95	97	98	99
C	2	7	11	15	18	27	34	40	47	53	59	66	73	79	82	85	89	92	95	97	99	100	100	100	100
M	2	6	9	12	16	21	28	34	41	47	54	59	66	72	78	81	84	88	91	94	97	99	100	100	100
Y	1	6	9	13	17	23	30	37	43	49	57	63	69	75	82	86	89	92	95	97	99	99	100	100	100
K	2	6	10	13	16	23	30	36	43	49	55	63	69	74	78	82	86	89	93	96	98	100	100	100	100

依照相同的方法测试样张 3、样张 4、样张 5 的各色版的密度和网点扩大数据，并得到各色版中 50% 的网点的最大扩大值和最小扩大值。5 张测试样张中扩大率最大为

23%；平均值为19%；最小值为15%。印刷正常样张扩大率一般在9%～13%。因传统单色打样与四色印刷滚压方式不同、压力不同、上水上墨方式不同，所以扩大率也不一样。

印刷CTP曲线和单色打稿CTP曲线制作以19%为标准，调整曲线。印版50%位最少要减6点，即43%。四色印刷CTP曲线制作可根据四色印刷所得数据推算。

根据所得印刷曲线，将四色印刷所得数据放入HQ模块的相关模块（图5.14），一次校正加上50%拉至43%的出测试条所得曲线，如图5.15所示。

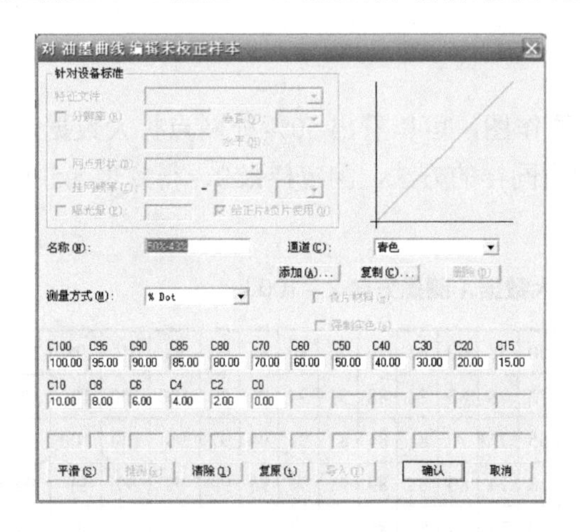

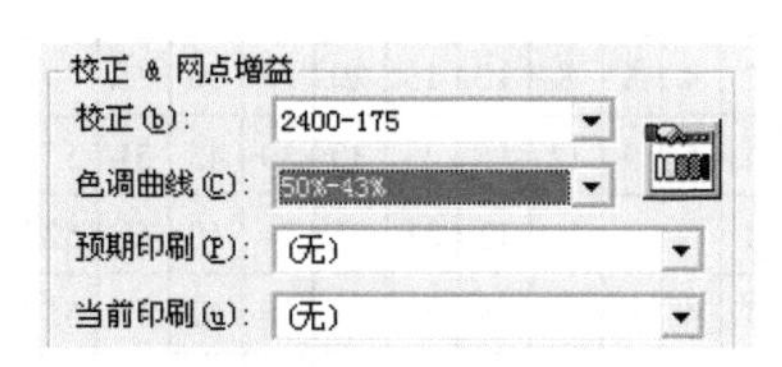

图5.14　各色版50%的网点扩大值输入相应模块

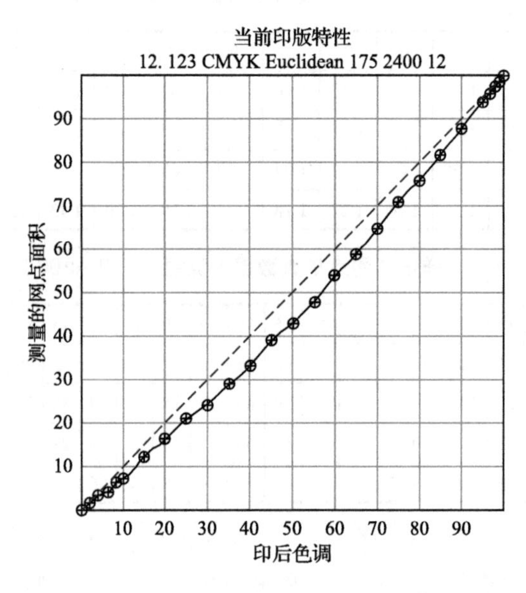

图5.15　校正后曲线

知识拓展

印版种类

印版分类方式有多种：按照版基进行分类，可分为金属版材和聚酯版材；按照涂层分类，可分为光敏树脂版和热敏版；按照制版成像原理进行分类，可分为银盐可见光型 CTP 版、非银盐可见光感光树脂 CTP 版和热敏成像版，其中，前两种可以统称为光敏 CTP 版，后一种可以称为热敏 CTP 版。目前，国内常用的版材为非银盐感光版及热敏版，下面将针对这两种版材的成像原理进行阐述。

1. 光敏 CTP 版

光敏 CTP 版主要依靠版材吸收光子后发生聚合、分解或交联等化学反应，从而导致版材相应曝光区域的物理性质发生有意义的变化。因为光敏 CTP 版对光比较敏感，所以要求在暗室条件或黄色安全灯下进行操作处理。

感光体系的 CTP 版一般包括银盐扩散型版、光聚合型版和银盐 /PS 版复合型版。

（1）银盐扩散型版。银盐扩散型版的涂层结构是在砂目化铝版基表面均匀涂布物理显影核层和感光卤化银乳剂层，最上层有一层保护层，如图 5.16 所示。版材经过曝光、显影后，曝光部分的卤化银经过化学显影还原为银，留在乳剂层中，未曝光部分的卤化银与显影液中的络合剂结合，扩散转移到物理显影核层，在物理显影核层的催化作用下还原为银，形成银影像，水洗去除非影像部分，再经过固版液亲油化处理，形成印版图文部分和空白部分。

图 5.16 银盐扩散型版的涂层结构

银盐扩散型版一般为阳图型，具有高感光度。其成像特点是在物理显影核层通过减少银的数量而形成阳图影像，包括向内扩散型银盐版和向外扩散型银盐版。

向内扩散型银盐版由具有良好亲水表面的铝版基、物理显影核层和卤化银乳剂层构成，激光扫描成像后，进行扩散显影。曝光区域的银离子向下扩散，在底层物理显影核层的作用下还原成金属银，成为最后的亲油表面；然后将乳剂层去掉，曝光区域的亲水版基表面裸露出来成为亲水层，如图 5.17 所示。这类版材的典型代表就是爱克发公司的 Silverlith 版。

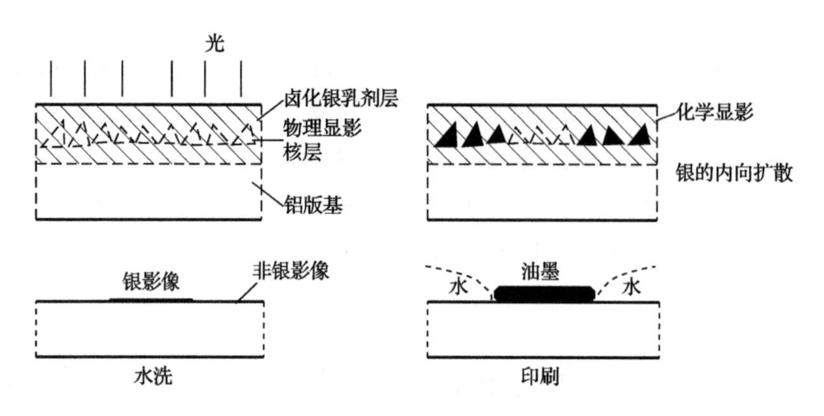

图 5.17 向内扩散型版

向外扩散型直接版由版基、银盐乳剂层和物理显影核层构成，激光扫描成像后，进行扩散显影。没有曝光区域的银离子向上扩散，在表层物理显影核层的作用下还原成金属银，成为亲油表面；曝光区域的表层仍然为乳剂层，具有良好的亲水性，如图 5.18 所示。这类版材的典型代表就是三菱公司的银盐数字版。

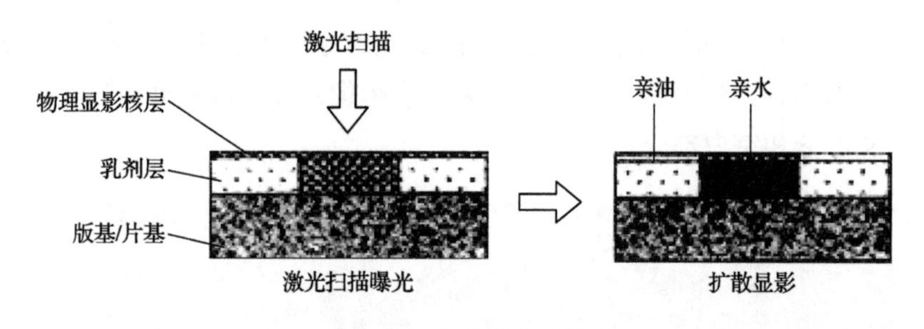

图 5.18 向外扩散型版

（2）光聚合型版。此种版通常是由铝版基、感光树脂乳剂层和表面保护层构成，版材多为阴图型印版。其感光机理是利用游离基化学反应，使印版曝光部分的感光树脂乳剂层中的感光树脂亲水性分子发生链接或聚合反应，形成不溶于水的聚合物，经热处理，加速分子聚合，形成不溶于碱性显影液的聚合物。显影除去感光部分的保护层及未感光部分保护层，露出铝版基形成空白部分，如图 5.19 所示。

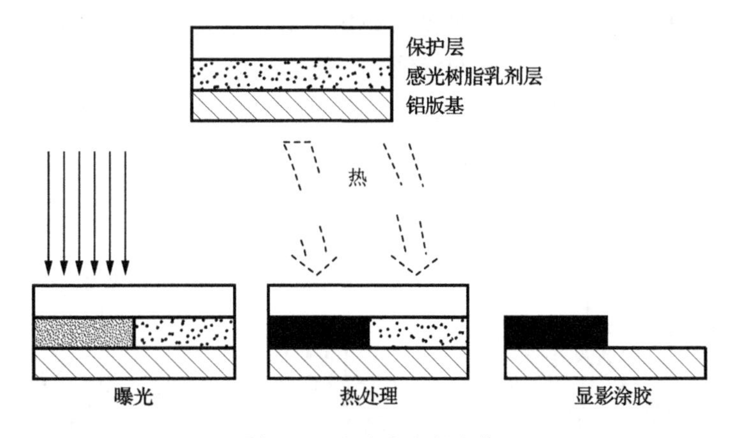

图 5.19 光聚合印版成像

（3）银盐 /PS 版复合型版。在粗化与阳极化的铝版基上依次涂布预感光的感光高分子层、黏结层和卤化银乳剂层。卤化银层首先曝光，显影、水洗、定影后产生保护层，再通过保护层做紫外曝光，曝光了的光聚合物被刷洗掉，未曝光的作为印刷影像部分，再次显影、水洗，经亲油化处理即可。其工艺过程如图 5.20 所示。

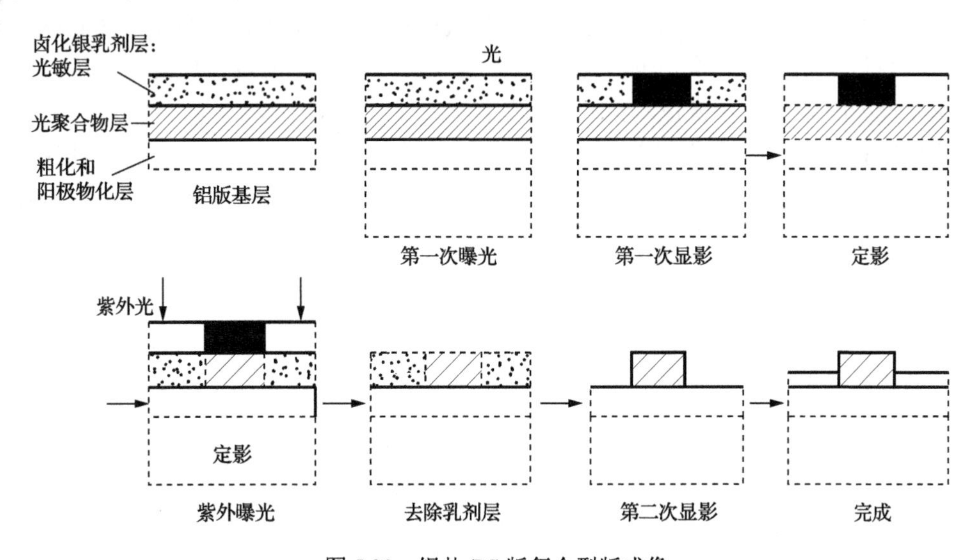

图 5.20 银盐 /PS 版复合型版成像

2. 热敏 CTP 版

（1）预热型版。预热型版由热敏涂层和亲水版基构成。热敏涂层一般由水溶性成膜树脂（如酚醛树脂）、热敏交联剂和红外染料构成。红外染料吸收红外激光的光能，转化为热能，使热敏涂层的温度能够达到热敏交联剂的反应温度。热敏交联剂在一定温度下与成膜树脂反应，形成空间网状结构，使热敏涂层失去水溶性，形成图文潜影。显影前，印版需在 140℃高温下进行预热处理，目的是使印版上形成的潜影部分发生充分交联反应而形成图文部分，如图 5.21 所示。

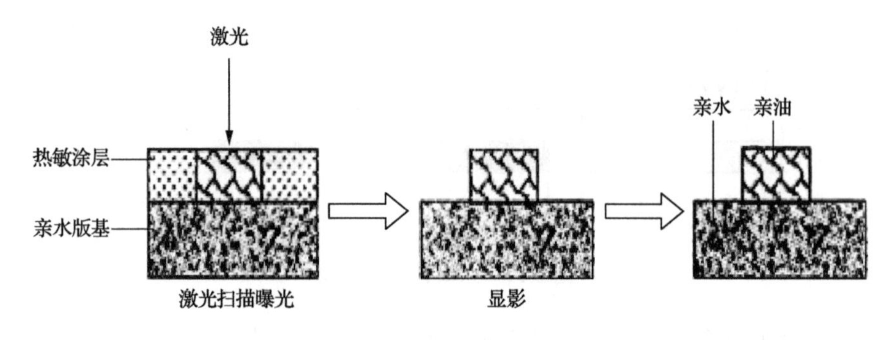

图 5.21　预热型版成像

（2）免预热型版。版基上的热敏涂层通常是亲油的，并且不溶于碱性显影药水。但是印版曝光后，印版曝光区域的涂层吸收能量，溶解度提高，可以溶解在碱性药水中。

（3）免处理型版。免处理型版在直接制版设备上曝光成像后，不需任何后续处理工序，就可以上机印刷。免处理型版可以分为 3 种，即热烧蚀技术免处理型版、热熔技术免处理型版和极性转换技术免处理型版。

热烧蚀技术免处理型版通常为双层涂布，底层为亲油层，上层为硅胶斥油层。曝光时，激光能量将硅胶斥油层烧蚀，露出亲油层，形成图文。未曝光部分仍保持斥油性质，为版面空白处。这种技术容易产生烧蚀气雾和碎片，因此，需要配备额外的粉尘处理装置，如图 5.22 所示。

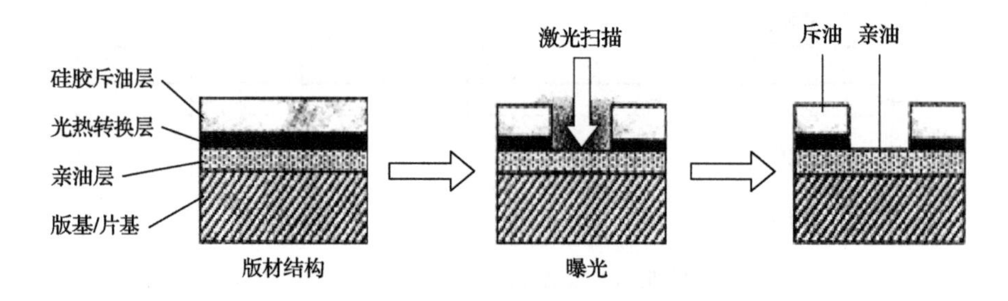

图 5.22　热烧蚀技术免处理型版

热熔技术免处理型版主要由版基和药膜层组成。版基为粗化的铝版，形成亲水层，药膜层为塑胶颗粒，由水溶性材料吸附在版基表面。曝光时，成像部分的塑胶微粒发生热融合反应，熔化结合成印版图文部分。曝光后用胶水清洗版面，未曝光颗粒被冲走，露出版基，形成空白部分，曝光部分形成图文，如图 5.23 所示。

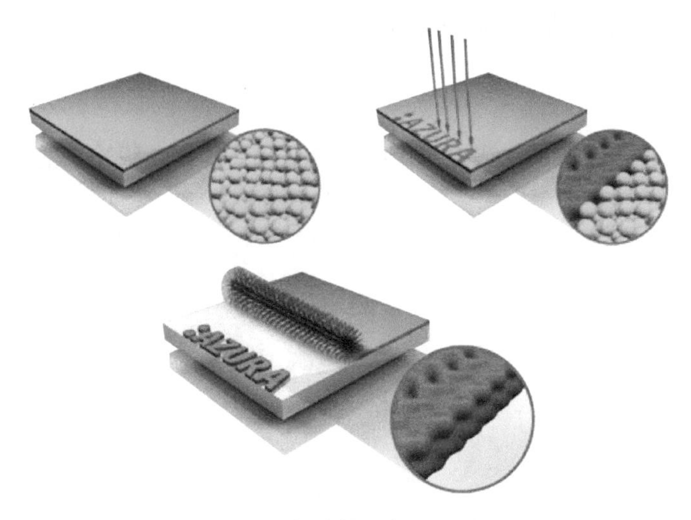

图 5.23　热熔技术免处理型版

极性转换技术免处理型版通常为单层涂布印版，它的药膜层极性为亲水性（或亲油性），曝光后，药膜层极性发生变化，转变为亲油性（或亲水性），曝光部分为印版图文（或空白），如图 5.24 所示。

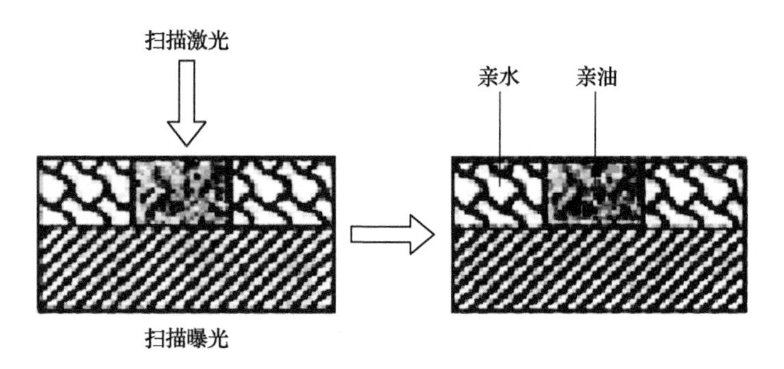

图 5.24　极性转换技术免处理型版

练习与测试

一、简答题

1．简述 PS 版的晒版曲线制作工艺。
2．简述影响晒版质量的因素。
3．简述印版亲水性检测步骤。

4．简述版材留膜率和空白密度的检测步骤。

5．简述 CTP 线性化曲线的制作步骤。

二、能力训练题

使用 iCPlate II 印版测试仪测定印版的网点变化，制作印版输出的标准化曲线。

项目六　橡皮布的性能检测

背　景

橡皮布是包裹在橡皮滚筒外面将印刷图文和网点从吸附了油墨的印版转移到承印物上的媒介物，它能使图文清晰，缓冲撞击，缓解印版磨损。其表面呈现的是正向图文，因而便于识别。它由橡胶层和织布层组成，是决定和控制平版印刷品质量的重要因素。油墨由印版转印到橡皮布上，再由橡皮布转印到承印材料上。橡皮布的橡胶层通常为合成橡胶。橡皮布按功能和用途分为转印用橡皮布和压印滚筒衬垫用橡皮布，通常使用的是转印用橡皮布；按结构可分为不可压缩的普通橡皮布和可压缩的气垫橡皮布；按使用油墨的干燥方式，以及对应橡胶的成分不同，又可分为普通橡皮布、UV（ultra-violet ray，超紫外线）橡皮布。

能力训练

任务一　橡皮布的选择和检测

通常要求橡皮布有均匀的厚度、良好的弹性和平整性、较低的伸长率和良好的油墨吸附性能，以及耐酸、耐油和亲水性能。

（一）任务解读

根据印刷机、纸张、油墨的类型和印刷品质量要求选用橡皮布。当多色机和印刷品质量要求较高时一般使用气垫橡皮布，单色文字印刷可选用普通橡皮布，UV 印刷需选用 UV 橡皮布。根据具体型号的不同，有的橡皮布在咬口和拖梢预先进行铝夹包边处理，可以直接装机使用。

普通橡皮布又称实地型橡皮布，由表面胶层、弹性胶层和织布层组成，厚 1.8 ～ 1.95mm。在动态印压状态下，被压缩部分表面胶层会向两端伸展，产生挤压变形，出现凸包，引起印迹或网点位移与变形。

气垫橡皮布又称气垫式可压缩型橡皮布，由表面胶层、气垫层、弹性胶层和织布层组成，厚 1.65 ～ 1.95mm，有三层和四层 2 种结构。在表面胶层的下面与第二层织布间有一层厚 0.4 ～ 0.6mm 的微孔状气垫层，在动态印压状态下，不会向两端伸展，也不产生凸包，印压区域内受力得到均匀分布，不易出现网点变形和双影；可在规定范围内任意调节印刷压力，对墨杠、条痕等故障起到缓解作用。图 6.1 为放大 20 倍后的气垫橡皮布剖面，可以明显看到气泡结构。

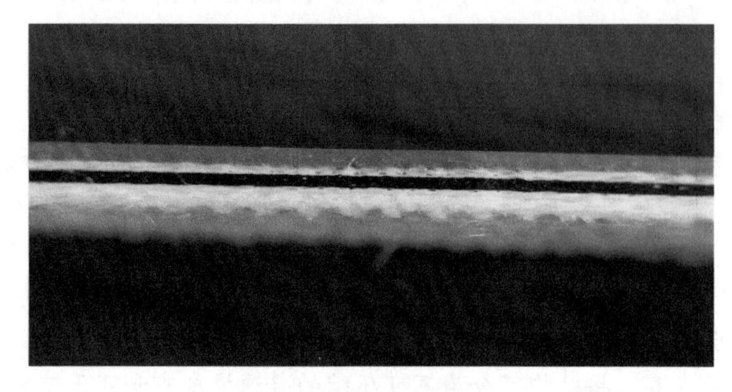

图 6.1　气垫橡皮布剖面

结合平版印刷机幅面，橡皮布常用尺寸有 1 060mm×910mm、1 035mm×925mm 等规格。若购买橡皮布的尺寸大于要求尺寸，则需要按印刷机要求尺寸裁剪，裁剪时注意观察橡皮布背面（图 6.2）织布上的线条与箭头，其方向为橡皮布的经向，裁剪后的经向应垂直于咬口和拖梢方向。裁剪时可先画线，确保四边垂直。

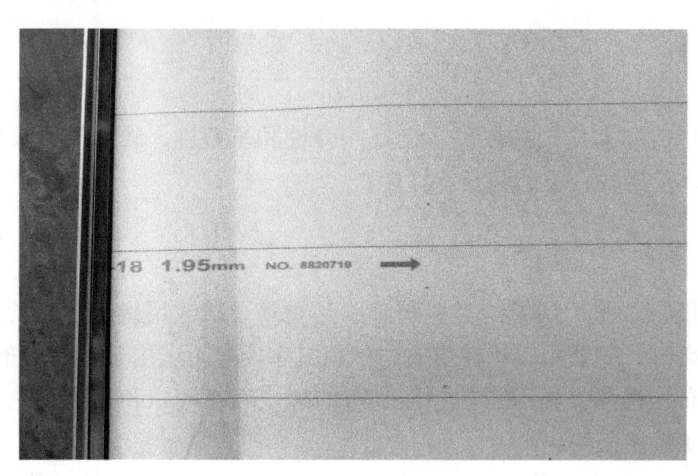

图 6.2　橡皮布背面

箭头及细线为橡皮布经向，左边为铝夹，1.95mm 为橡皮布厚度。

（二）设备、材料和工具

橡皮布，1.5m 钢直尺，螺旋测微计。

（三）课堂组织

学生5人为1组，实行组长负责制。当橡皮布尺寸、厚度测量结束时，教师对学生的操作步骤及结果进行点评；现场按评分标准评分，并记录在实训报告上。

（四）操作步骤

（1）橡皮布长宽测量。选取一定尺寸的橡皮布，使用长1.5m钢直尺测量橡皮布的长宽尺寸，测量时应使钢直尺刻度与橡皮布边缘平行。

（2）橡皮布厚度测量。图6.3为橡皮布厚度的测量，使用最小刻度值为0.01mm的螺旋测微计测量橡皮布断面的厚度，测量时应使测杆与橡皮布断面垂直，左手持尺架，右手转动粗调旋钮使测杆与测砧间距稍大于橡皮布，放入橡皮布，转动保护旋钮到夹住被测物，直到棘轮发出声音为止，拨动固定旋钮使测杆固定后读数。读数为固定刻度值+半刻度值+可动刻度值+估读值。

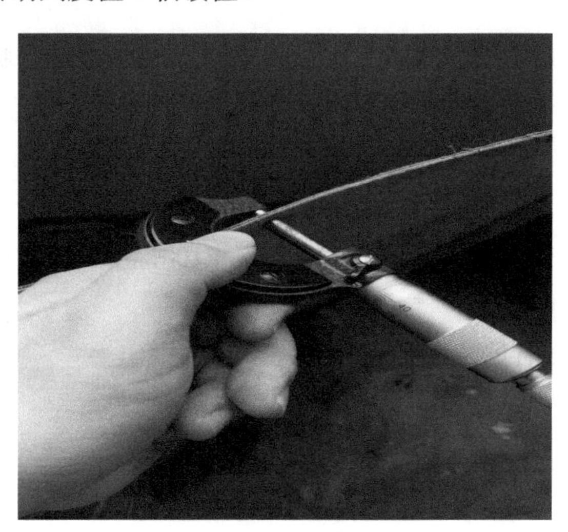

图6.3 橡皮布厚度的测量

任务二 橡皮布耐油墨性的检测

（一）任务解读

橡皮布表面胶层在印刷过程中会吸附油墨，这些油墨在印刷压力的作用下，其中的连接料，如干性油、矿物油和溶剂等会慢慢渗入胶层内部，时间长了会造成橡皮布

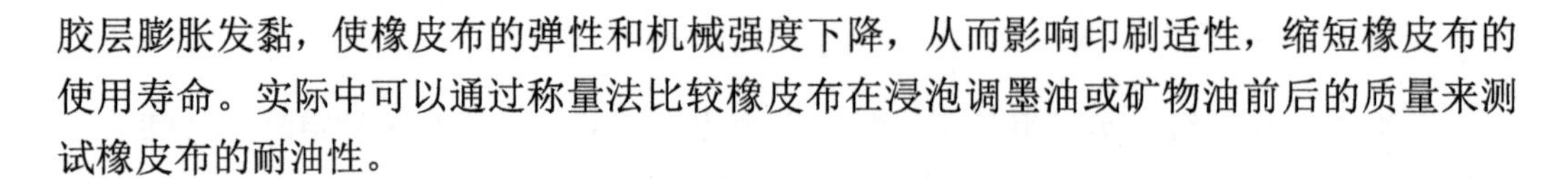

胶层膨胀发黏，使橡皮布的弹性和机械强度下降，从而影响印刷适性，缩短橡皮布的使用寿命。实际中可以通过称量法比较橡皮布在浸泡调墨油或矿物油前后的质量来测试橡皮布的耐油性。

（二）设备、材料和工具

分度值为0.1g的电子天平，美工刀，橡皮布，树脂型调墨油或矿物油（油墨油），500mL烧杯。

（三）课堂组织

学生5人为1组，实行组长负责制。当橡皮布耐油性测定结束时，教师对学生的操作步骤及结果进行点评；现场按评分标准评分，并记录在实训报告上。

（四）操作步骤

试样选取及浸泡。用干净的美工刀裁取20g左右的橡皮布，称重，记录数据后放入烧杯，再倒入树脂型调墨油或矿物油（油墨油）将橡皮布完全浸没，充分浸润48h或72h后取出，迅速用汽油擦洗干净，再次称重，然后按式（6.1）计算增重率，增重率不大于3.0%：

$$Z=(m_1-m_0)/m_0\times100\% \tag{6.1}$$

式中，Z——橡皮布的增重率；

m_0——橡皮布试样的原始质量，g；

m_1——橡皮布试样浸润后的质量，g。

知识拓展

橡皮布的性能

为了获得清晰的图文和网点、均匀的墨色，橡皮布在转印中要具备稳定的物理性能和化学性能。

1. 外观性能

（1）平整度。为了不出现转印时的图文残缺、印迹发虚、模糊和墨色不匀，要求橡皮布表面厚度差小于0.04mm，可用螺旋测微计测量橡皮布四周和中间的厚度求平均值得到。

（2）表面平滑度，要求橡皮布表面有较高的平滑度，但不允许光滑。要求无皱褶和折痕。

2. 物理性能

（1）拉伸强度。橡皮布安装在橡皮滚筒上后，在圆周方向会受到很大的拉伸力，其强度由橡胶层和织布层决定，主要取决于织布层的强度。

（2）伸长率。伸长率取决于织布层的密度和结构强度。印刷要求其伸长率越小越好，通常安装在橡皮滚筒上的橡皮布的伸长率应在 2% 以下。

（3）压缩变形。压缩变形是指橡皮布经多次压缩后产生的永久变形的程度。印刷要求橡皮布的压缩变形越小越好。气垫橡皮布因为有气泡结构，可被压缩 4% ～ 8% 而有较高的压缩率，所以压缩变形小，比普通橡皮布更能满足印刷对网点还原的要求。

（4）定负荷伸长率。定负荷伸长率是指橡皮布在一定张力作用下，在一定负荷时间内，其伸长部分与原长度之比，通常要求小于 5%。

3. 化学性能

（1）亲水耐酸性。印刷过程中，橡皮布会不断地吸附印版上的润版液，而润版液偏酸性，因此要求橡皮布有较好的亲水耐酸性。

（2）耐油性和耐溶剂性。油墨中含有植物和石油溶剂，在清洗橡皮布时要使用汽油、清洗剂等溶剂，因此要求橡皮布表面胶层有较好的耐油和耐溶剂性。

（3）抗老化性。橡皮布在印刷过程中受到压力，以及油墨、溶剂的不断作用，要求橡皮布在其使用期限内有良好的抗老化性能，以保持其各项性能指标的稳定。

4. 印刷性能

（1）吸墨性。吸墨性是橡皮布进行图文转印的首要条件，吸墨性好，吸附的油墨就充足。

（2）传墨性。橡皮布传墨性好，图文转印的效果就好，否则会造成油墨在橡皮布表面堆积、糊版等问题。

（3）硬度和弹塑性。橡皮布硬度高，网点清晰、完整，但耐印率低，应根据印刷机制造精度、印刷质量要求、印刷数量等条件来选择表面平滑度高、质量要求高的承印物。弹塑性好的橡皮布可降低印刷压力的使用值，优于弹塑性差的橡皮布。

练习与测试

一、判断题

1．气垫橡皮布的结构分为橡胶层和织布层。 （　　）

2. 单张纸胶印机使用的橡皮布厚度为 0.8～2.95mm。 （ ）
3. UV 印刷可使用普通橡皮布。 （ ）
4. 测量胶辊硬度时将测针与胶辊表面垂直接触即可。 （ ）
5. 墨辊的硬度是决定油墨传递性能的因素之一，要求硬度高、弹性低。 （ ）

二、选择题（含单选和多选）

1. 用螺旋测微计测量橡皮布时，读数为（ ）。
   A. 固定刻度值　B. 可动刻度值　C. 半刻度值　D. 估读值
2. 生产使用的橡皮布要求（ ）。
   A. 均匀的厚度　B. 良好的弹性和平整性
   C. 耐酸、耐油、亲水性能　D. 较高的伸长率
3. 胶辊的力学性能为（ ）。
   A. 表面平整度　B. 硬度　C. 弹性
   D. 洁净度　E. 耐油性
4. 邵氏硬度计可测的指标为（ ）。
   A. 胶辊的伸长率　B. 胶辊的弹性
   C. 胶辊的平整度　D. 胶辊的硬度

三、简答题

1. 气垫橡皮布的结构是怎样的？为什么它适用于高品质要求的平版印刷？
2. 如何测量胶辊的硬度？
3. 如何测量橡皮布的耐油性？

项目七　化学溶剂的性能检测和废液处理

背　景

印刷过程需要用到润版液、洗车水、显影液、定影液、黏合剂等，它们质量的好坏直接影响印刷的质量。使用前如何正确检测它们的质量、印刷中如何合理使用，以及如何处理废弃物，对印刷工作人员来说都是必须掌握的技能。

能力训练

任务一　润版液的 pH 值检测

（一）任务解读

润版液的酸碱度适当，有利于保持印版图文部分与空白部分的水墨平衡。测量润版液的 pH 值，可以掌握并正确控制润版液的调配比例，保持正确的酸碱度，从而保证印刷品的质量，防止印版不耐印、油墨干燥延缓等故障出现。

（二）设备、材料和工具

已配好的润版液，哈纳（HANNA）pH 计（图 7.1，型号 HI8424）。

（三）课堂组织

学生 5 人为 1 组，实行组长负责制；每人领取 1 份实训报告，当测定结束时，教师对学生的操作步骤及结果进行点评；现场按评分标准评分，并记录在实训报告上。

（四）操作步骤

（1）试样选取。用洁净干燥的 100mL 烧杯盛取可淹没测量电极的润版液。
（2）将 pH 计上的电极和温度探棒与主机连接，注意对好插座上的针孔。

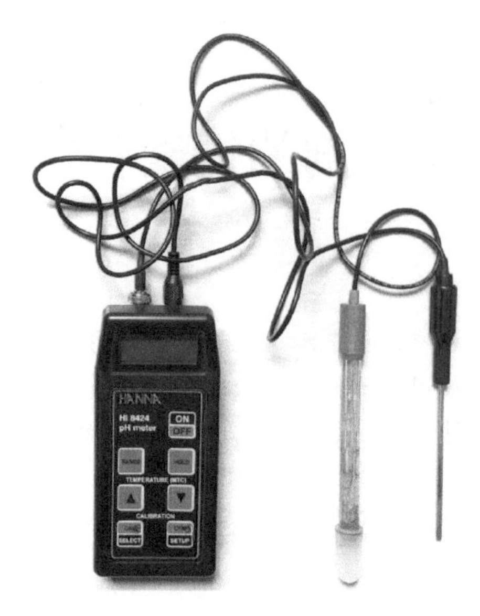

图 7.1　pH 计

（3）取下电极保护帽（图 7.2）；将电极和温度探棒插入试样液面下 4cm（图 7.3），注意电极上的小孔也浸没在溶液内；把电极轻触容器底部，排出 PVC 套内可能产生的气泡。

图 7.2　取下电极保护帽

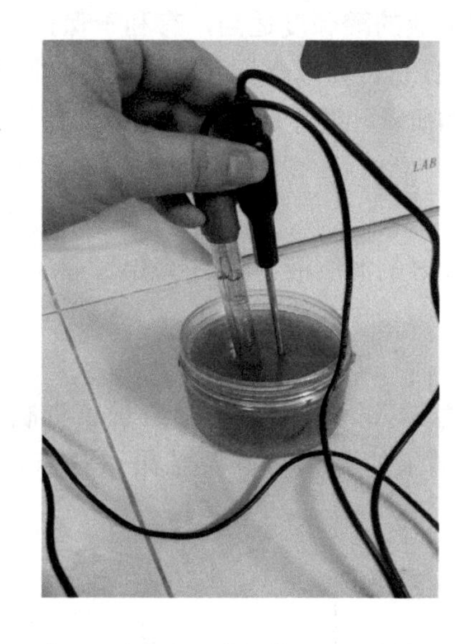

图 7.3　将 pH 电极和温度探棒插入试样液面下 4cm

（4）打开仪器，仪器自检并显示电池电量后进入测量模式，选择适当的测量范围。

（5）按 RANGE 键选择测量 pH 值（图 7.4）。

（6）轻轻搅拌；将温度系数调钮旋至 2% 来补偿温度影响。测量前等待几分钟，使温度感应器与样品达到热平衡，若样品温度低于 20℃或高于 30℃，则需等待更长时间。待读数稳定（沙漏图形消失），屏幕显示即为经温度补偿的 pH 值。

图 7.4 按 RANGE 键选择测量 pH 值

（7）测量完毕，关闭仪器，彻底清洗电极并使之干燥。

为保证测量精度，pH 计需要定期按说明书的要求进行校准。润版液电导率超过 2 000μS/cm 时应考虑更换。

另外，也可用 pH 试纸测量，将试纸在样品液中浸湿，与其比色板比对得出 pH 值。

知识拓展

电导率

电导率反映溶液的导电性能，单位是 μS/cm（S 读作西门子），溶液中电解质越多，电导率越高。润版液的电导率理想范围是 500 ～ 1 000μS/cm，原水的电导率范围是 250 ～ 300μS/cm，硬度高的水中因有钙离子、镁离子，故电导率较高。润版液电导率过高会导致油墨浓度不易控制，印刷满版底色困难；油墨乳化，影响网点还原，模糊、图文发花；图文着墨不良，损伤印版图文。电导率过低则会导致印版空白部分易干燥而吸墨、图文易糊版、橡皮布堆墨、版面易浮脏。

为了保证润版液配制的准确性，需要对配制使用的水进行进一步净化处理，以降低水的硬度。检验润版液质量的方法之一就是测量润版液的电导率。

任务二　油墨清洗剂的选用

（一）任务解读

以小组为单位完成一台胶印机的胶辊橡皮布的清洁与维护工作。

（二）设备、材料和工具

胶印机，油墨清洗剂（俗称洗车水），胶印油墨，水擦布，汽油擦布，干净且干燥的擦布各一块。

（三）课堂组织

学生 5 人为 1 组，实行组长负责制。模拟胶印印刷机组，每组包括机长 1 人、二助 2 人、尾助 2 人。小组明确工作任务，查找相关资料进行任务分析，讨论如何管理和完成机台的清洗维护工作。当清洁与维护结束时，教师对学生的操作步骤及结果进行点评；现场按评分标准评分，并记录在实训报告上。

（四）操作步骤

胶辊橡皮布的清洁与维护如图 7.5 所示。

（1）点动机器或使机器低速运转，从橡皮布的叼口部位开始至拖梢部位擦一遍水。

（2）点动机器，从橡皮布的拖梢至叼口，或者当机器运转至叼口时用洗车水擦洗橡皮布，使橡皮布上的油墨溶解。

（3）点动机器或当机器再一次运转到叼口的时候，用干净擦布将橡皮布表面的油污及杂质除去。

图 7.5　橡皮布的清洁与维护

清洗橡皮布是一项细致的工作，清洁时既要细心，保证清洗效果。布上的洗车水不能蘸得太多，以免擦拭时滴落到印刷机上造成脏污；洗车水若蘸得太少则不能充分溶解墨垢，难以彻底洗干净。当橡皮布上的脏迹用洗车水擦洗干净后，再用干布揩干污迹，保证清洗效果。

知识拓展

一、洗车水的作用

胶印机的供墨系统属于长墨路供墨系统，通过很多根墨辊的分墨、匀墨和串墨才能完成油墨的供给。在持续的印刷过程中，胶辊表面的橡胶层不断地与油墨、纸粉、纸毛、润版液的硬质成分接触，胶辊表面的微孔逐渐被堵塞，影响胶印油墨的传递性能。

胶印油墨属于氧化结膜干燥型的油墨，在长时间的印刷过程中，油墨也会在胶辊表面结膜，严重时会导致胶辊表面出现晶化现象。胶辊材料的表面性能直接决定油墨的传递和转移效果，或者说直接决定印刷品质量的好坏。

现有的胶印工艺要求在工作一段时间之后，必须及时清洗墨辊。此外，印刷机组换班、色组更换时也必须对胶辊进行清洁。这样，胶印印刷使用的洗车水就成为印刷中一种很重要的辅助材料。

相较于过去使用汽油作为清洗剂，目前使用的洗车水有以下优势。

1. 洗净度好

在清洗胶辊时要洗去其表面上的油墨、润版液带来的无机盐、印版保护胶及纸毛和纸粉等物质。用汽油清洗可有效洗净油墨等油性物质，但是对无机盐、印版保护胶无效。洗车水可溶解油墨类的油性物质，同时水可清洗纸毛、纸粉中的胶料部分，因此，洗车水的洗净度更好。

2. 清洗效率高

使用汽油清洗胶辊时由于无机盐、印版保护胶等物质不可溶，因此只能加大用量并延长清洗时间，利用液体冲刷的力量把此类物质洗下来。但对于纸毛、纸粉较多的情况，加大用量、延长清洗时间作用也并不明显。相同洗净度的洗车水可比汽油节省约 30% 的时间。

3. 延长胶辊寿命

洗车水中一般加有使橡胶柔顺的材料，每一次清洗也是对胶辊的一次保养。汽油是一种低沸点溶剂，对墨辊的橡胶材料起溶胀作用，会加速橡胶老化。

4. 环保、安全

汽油是低沸点溶剂，清洗胶辊时挥发面积大，胶辊的旋转加速了汽油的挥发，造成车间内局部汽油挥发浓度较大，汽油的闪点低，极易引起爆燃，安全隐患大。

另外，汽油挥发对人体有一定的危害，而洗车水是油水混合的乳液，在正常情况下明火也不能引燃，安全隐患小。洗车水乳液是以油包水为主的乳化状态溶剂，挥发量少，对人体的危害也小得多，环保性能好。

二、洗车水的清洗原理及主要成分

在清洁油墨的过程中，使用洗车水和水混合，利用乳化原理进行清洁。洗车水可以溶解油溶性的物质，水可以溶解水溶性的物质，形成“水包油”或“油包水”的形态，来完成对印刷墨辊表面杂质的清洗，可清洁掉大部分油溶性和水溶性物质。当然，洗车水的清洁不可能完全将胶辊表面的杂质清除干净，会有一些杂质残留在墨辊表面。这还要根据油墨的性质来处理，如果印刷金银等专色油墨，清洁工作就会比较困难。不能溶解的物质用一般的洗车水是不能除去的，需要使用一些特殊的化学试剂辅助清洁。

洗车水主要由以下几个部分组成。

（1）碳氢化合物。在洗车水中，碳氢化合物的含量大约在50%，碳氢化合物按照分子结构的不同分为脂肪族碳氢化合物和芳香族碳氢化合物两类，它们分别具有以下特性：脂肪族碳氢化合物的分子中包含碳分子的链状结构，对油墨有较好的溶解作用，不能溶解于水，对橡胶、人体及环境没有危害；芳香族碳氢化合物的分子中包含碳分子的环状链结构，对油墨有良好的溶解作用，但会造成橡胶聚合物的膨胀，同时对人体神经系统有不良影响。

（2）乳化剂。洗车水中必须含有乳化剂，它具有以下特性：促进油和水的混合，产生乳化作用；一般闪点的清洁剂也含有乳化剂；不会造成墨辊和橡皮布上残留化学品。

（3）抗腐蚀剂。由于洗车水需要配合水来进行清洁，抗腐蚀剂具有防止腐蚀的作用。

三、洗车水的技术指标

一般来说，衡量洗车水的技术指标主要有以下几个。

（1）不含芳香族化合物。芳香族化合物对油墨有较强的清洁能力，但是芳香族化合物对印刷有诸多不利的影响，所以新型的洗车水不应含有芳香族化合物。芳香族化合物对印刷的不利影响主要有：芳香剂会造成橡胶的膨胀，影响印刷压力，易造成印刷质量问题；不符合环境标准和人体健康标准。

（2）基于植物油。洗车水应基于植物油，而非矿物油。

（3）具有高闪点的特性。目前，国际上优质洗车水的闪点在55℃以上，热固型油墨在清洁过程中，洗车水的闪点高达100℃以上。洗车水的闪点必须高于印刷通道中的最高温度，才能符合车间的安全标准，普通印刷过程中的洗车水闪点应该在55℃以上，而在紫外线油墨的印刷过程中，洗车水的闪点应该高于70℃。

四、洗车水的种类和特点

为保护环境、避免对人体的危害，也为解决印刷行业存在的安全隐患，一些新型洗车水也不断地被研制出来。目前印刷行业中常见的洗车水有如下几种类型。

1. 乳液型洗车水

乳液型洗车水是较早出现的新型洗车水，主要成分为溶剂、水和乳化剂。乳液型洗车水是通过乳化剂的作用，使水和溶剂乳化成油包水型的乳状液体，可直接取代汽油用于油墨清洗。乳液型洗车水不易燃，储存的安全性较好，但用量较大，增加了使用成本。乳液型洗车水的清洗性能与其配方组成有关，特别是与溶剂和乳化剂的选择有较大的关系。

乳液型洗车水是普通的乳状液，属于热力学不稳定体系，因此其稳定性差，较易分层。一旦出现分层就很难脱墨，影响使用。所以乳液型洗车水的储存期不会太长。乳液型的洗车水除与配方组成诸因素有关外，与所选用包装物材质的阻隔性及容器的密封性也有很大的关系。用阻隔性和密封性好的容器盛装，若出现分层现象，则体系组成不会变，重新摇动或搅拌后亦能再成油包水型乳液体系，还能保持脱墨性能；若选用的容器不适宜，则体系当中的溶剂挥发或渗走，分层后重乳化会变成水包油型乳液体系而失去脱墨的作用。

因此，使用乳液型洗车水后一定要密封好，否则存放时间会缩短。

2. 浓缩型洗车水

浓缩型洗车水由溶剂和乳化剂组成，闪点较高，不像汽油那样易挥发和易燃。使用时需要在原液中加进数倍水搅拌或摇动乳化成油包水型乳液体系的乳液，即配即用，比较方便。因为不同生产商的配方不同，所以乳化的程度也不同，加水量也有差异。

浓缩型洗车水储存稳定，安全性较汽油高得多，使用成本相对较低。

3. 微乳型洗车水

微乳型洗车水是新型的印刷油墨清洗剂。微乳型洗车水是应用微乳技术，将能够溶解油墨的溶剂（或复合溶剂）与互不相溶的水，通过表面活性剂和助表面活性剂的作用，在无须外界提供能量的前提下自发形成热力学稳定体系，是粒径在纳米级范围（1 ～ 100nm）的分散体系，其外观为透明或半透明液体，对印刷油墨有特别强的清洗性能，并具有如下特点。

（1）微乳型洗车水表面张力极低，粒径在纳米级范围，因而具有较强的穿透性，对油墨的溶解性特别好，甚至可以去除干结后的油墨。

（2）微乳型洗车水是热力学稳定体系，不易分层，可长期存放。

（3）微乳型洗车水具有不燃性，毒性亦远比汽油低，储存、运输、使用都十分安全。

（4）微乳型洗车水同时具有有机溶剂和水的作用和性能，除容易清洗油墨外，还能去除积于墨辊的无机盐和纸毛积垢等，不会破坏墨辊胶层，延长了胶辊的使用寿命。

（5）使用方便，无须配制，与汽油一样直接使用。

上述新型洗车水都具有高效、节能、环保、安全的优越性，而且同时具有溶剂和水的作用，不但能去除油墨，还能去除纸毛等一些水溶性的污垢；用量比汽油小，清洗同样的墨辊，使用洗车水的用量仅是汽油的 1/3 ～ 1/2，虽然新型洗车水的单价较汽油贵，但是实际使用成本不高。新型洗车水的挥发速度慢，能充分发挥其功效，节约用量。

五、如何选用洗车水

首先，选用洗车水要充分了解墨辊材料的特性。印刷墨辊材料主要有天然橡胶、丁腈橡胶、聚氨酯橡胶、三元乙丙橡胶、硅橡胶等，不同的橡胶材料具有不同的性能。因此，必须针对不同墨辊材料选择能够最大限度地发挥清洗作用的洗车水。

其次，选用洗车水必须考虑它对墨辊材料性能产生的破坏作用。如果选用的洗车水对墨辊表面的橡胶材料具有较强溶胀作用，墨辊的直径和外形将会变化。墨辊橡胶的应变将会改变墨辊之间的压力，导致墨辊发热，加速胶辊老化，缩短墨辊的使用寿命，间接导致印刷成本的增加。同时，墨辊压力的增加和变化也将影响油墨传递的精准性。

UV 胶印过程中，由于 UV 油墨的特殊性，洗车水的选用一定要考虑 UV 油墨专用洗车水才能更好地清除残留在胶辊表面的油墨。为了满足胶印机使用的灵活性，一些胶印机采用了既可用于 UV 胶印油墨，也可用于普通胶印油墨使用的两用墨辊，企业需要同时准备两种洗车水，导致了印刷成本的增加。

目前，一些知名印刷材料供应商已研发出 UV 油墨和普通胶印油墨都可以使用的两用洗车水，尽管价格偏高，但是综合考虑印刷成本可能更经济实用。

企业以前选用墨辊洗车水较多地考虑胶辊材料、胶印油墨和耗材成本，但是近年来，随着绿色印刷的强制要求和环保发展趋势，企业更多地考虑洗车水的绿色环保特性。作为胶印必不可少的洗车水，选用得当不仅可以减少用量、减少污染、降低能耗，还可以保护墨辊、减少损耗、降低成本。所以环保洗车水必将成为印刷企业的首选。因此洗车水的选用要在绿色环保的大前提下综合考虑其使用性能、安全性能和印刷成本，方能达到印刷生产在环保、质量、成本、效益和社会声誉方面的多赢。

任务三 显影液的检测与处理

一、显影液电导率的测试

（一）任务解读

溶液的电导率与离子的种类有关。同样浓度的电解质，它们的电导率也不一样。通常，强酸的电导率最大，强碱和它与强酸生成的盐类次之，而弱酸和弱碱的电导率最小。

显影液的电导率是制版过程中需要控制的一项重要指标，它能够反映显影液的浓度变化，进而了解显影液的疲劳程度。对显影液的疲劳程度进行研究，可以有效地控制显影液的使用时间和使用流量。目前，较普遍的电导率测试方法是电导率测量仪法。电导率测量仪的测量原理是将两块平行的极板放到被测溶液中，在极板的两端加上一定的电势（通常为正弦波电压），然后测量极板间流过的电流，根据欧姆定律，可得电导率等于电阻的倒数。

（二）设备、材料和工具

电导率仪（图 7.6），显影液试样，烧杯等。

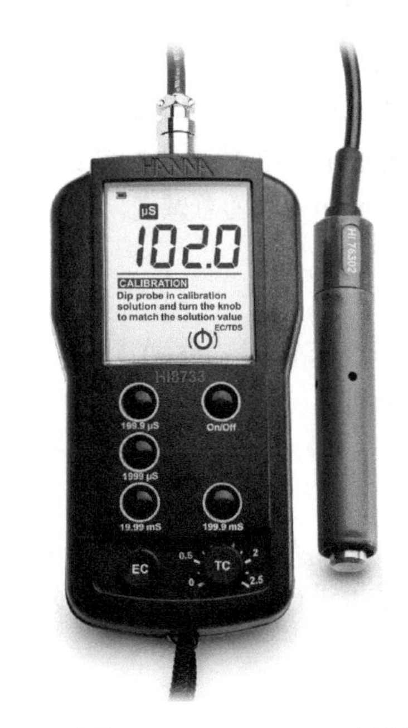

图 7.6 哈纳（HANNA）HI8733 电导率仪

（三）课堂组织

学生 5 人为 1 组，实行组长负责制。当电导率测定结束时，教师对学生的操作步骤及结果进行点评；现场按评分标准评分，并记录在实训报告上。

（四）操作步骤

（1）使用哈纳（HANNA）HI8733 电导率仪测量：插上电极，注意对好插座上的针孔。

（2）确保仪器已校准；将电极插入样品内，注意电极上的小孔也浸没在溶液内；把电极轻触容器底部，排出 PVC 管内可能产生的气泡。

（3）打开仪器，选择适当的测量范围。

（4）按 RANGE 键选择测量 pH 值（图 7.4）。

（5）轻轻搅拌；将温度系数调钮旋至 2% 来补偿温度影响。测量前等待几分钟，使温度感应器与样品达到热平衡，若样品温度低于 20℃或高于 30℃，则需等待更长时间。待读数稳定（沙漏图形消失），屏幕显示即为经温度补偿的 pH 值。

（6）将温度系数调钮旋至 2% 来补偿温度影响。测量前等待几分钟，使温度感应器与样品达到热平衡，若样品温度低于 20℃或高于 30℃，则需等待更多时间。

（7）测量完毕，关闭仪器，彻底清洗电极并使之干燥。

润版液电导率超过 2 000μS/cm 时应考虑更换。

二、显影液总碱度的检测

（一）任务解读

碱度是表示水吸收质子能力的参数，通常用水中所含能与强酸定量作用的物质总量来标定。这类物质包括强碱、弱碱、强碱弱酸盐等。碱度也常用于评价水体的缓冲能力及金属在其中的溶解性和毒性等。工程中用得更多的是总碱度这个定义，一般表征为相当于碳酸钙的浓度值。因此，从定义不难看出测量的方法——酸滴定法。例如，可以用实验室的滴定器或数字滴定器对碱度进行测试。

显影液碱度对显影性能有直接的影响，显影液碱度越高，显影效率越高，印版显影达到相同的显影效果所需温度也越低，时间越短。

显影液总碱度的测量原理：用标准浓度的酸溶液滴定水样，用甲基橙作指示剂，根据指示剂颜色的变化判断终点。根据滴定水样所消耗的标准浓度的盐酸溶液用量，即可计算出水样的总碱度。

（二）设备、材料和工具

盐酸标准溶液（5g/L），甲基橙指示剂，50mL 移液管，25mL 酸式滴定管，250mL 锥形瓶等。

（三）课堂组织

学生 5 人为 1 组，实行组长负责制。当总碱度测定结束时，教师对学生的操作步骤及结果进行点评；现场按评分标准评分，并记录在实训报告上。

（四）操作步骤

采用滴定中和法测量显影液总碱度，用甲基橙作为指示剂，用盐酸标准溶液滴定稀释后的显影液，当溶液由黄色变为红色时，即滴定终点，测试 3 次求平均值。

$$总碱度=\frac{c_1V_1\times 40\times 1\,000}{V_2}$$

式中，c_1——盐酸标准溶液的浓度，mol/L；

V_1——滴定用盐酸标准溶液的体积，L；

40——氢氧化钠的摩尔质量，g/mol；

V_2——所取显影液的体积，L。

三、显影液 pH 值的检测

（一）任务解读

pH 值，又称氢离子浓度指数、酸碱值，是溶液中氢离子活度的一种标度。

随着冲版量的不断增加和空气中二氧化碳的不断溶入，显影液中的 OH^- 不断被消耗，OH^- 浓度下降，pH 值越来越低，显影时间慢慢变长，以致最后在正常曝光条件下印版无法显影，这就是显影液疲劳衰退的现象。

（二）设备、材料和工具

pH 计，pH 指示剂，pH 试纸，烧杯，玻璃棒等。

（三）课堂组织

学生 5 人为 1 组，实行组长负责制。当 pH 值测定结束时，教师对学生的操作步骤及结果进行点评；现场按评分标准评分，并记录在实训报告上。

（四）操作步骤

pH 值测定方法主要有以下几种。一是 pH 指示剂法，在待测溶液中加入 pH 指示剂，不同的指示剂会根据不同的 pH 值变化颜色，根据指示剂的研究就可以确定 pH 值的范围。二是试纸测试法，pH 试纸有广泛试纸和精密试纸 2 种，用玻璃棒蘸一点待测溶液滴到试纸上，根据试纸的颜色变化对照标准比色卡得到溶液的 pH 值。三是 pH 计法，pH 计是一种测定溶液 pH 值的仪器，它通过 pH 值选择电极（如玻璃电极）来测定溶液的 pH 值。pH 计测量值可以精确到小数点后 2 位。

知识拓展

一、显影液简介

显影液是影响印刷制版质量重要的因素之一。在显影过程中，显影液中的有效成分与印刷胶片或印版表面药剂发生化学反应，从而在印刷胶片与印版表面形成图文部分与空白部分。

（1）印版显影液由溶剂水、显影剂、抑制剂和润湿剂构成。

显影剂是显影液的主要成分，作用是溶解感光层的见光部分。强碱类显影剂有氢氧化钠、氢氧化钾等（我国多用氢氧化钠，欧美国家多用氢氧化钾），弱碱类显影剂有硅酸钠。

氢氧化钠（NaOH）别名苛性钠、火碱，分子量为40，相对密度为2.13g/cm^3，熔点为318.4℃，沸点为1 390℃，以块状、片状、粒状或棒状存在。氢氧化钠吸湿性很强，易溶于水，同时强烈放热，露放在空气中，就可完全溶解成溶液。它有强碱性和强腐蚀性，易从空气中吸收氧化碳而逐渐变成碳酸钠，所以宜密封储藏于阴凉、干燥处。

硅酸钠（Na_2SiO_3）其水溶液又称水玻璃、泡花碱、偏硅酸钠，性状为无色、青绿色或棕色的固体或黏稠液体。物理性质随着成品内氧化钠和二氧化硅的比例不同而变化。水溶液呈弱碱性，在冷水中微溶或几乎不溶。

（2）抑制剂用于控制显影速度，防止因强碱类显影剂反应过快而损坏铝版基氧化膜。抑制剂主要有磷酸钠、氯化钾。

磷酸钠（Na_3PO_4）别名磷酸三钠、正磷酸钠，分子量为163.94，相对密度为2.53g/cm^3，熔点为73.3～76.7℃，沸点为158℃，在干燥空气中易风化。在显影液中分解为磷酸氢二钠和氢氧化钠。其水溶液呈强碱性。

氯化钾（KCl）分子量为74.55，相对密度为1.984g/cm^3，熔点为776℃，在1 500℃时升华。性状为无色立方晶体，常呈长柱形，溶于水。

（3）湿润剂用于降低显影液表面张力，提高显影液的湿润性，使显影液能迅速均匀地流布到印版表面，有利于显影一致进行。除湿润作用外，它还有乳化、分散的作用，能在显影过程中对印版助洗。常用的湿润剂有十二烷基磺酸钠、吐温等表面活性剂。

十二烷基磺酸钠（$C_{12}H_{25}SO_3Na$）分子量为272.38，为白色或微黄色结晶粉末，能溶于水及热乙醇。常用作表面活性剂、湿润剂，宜密封干燥储存。

不同厂家生产的印版，铝版基的处理、感光层的成分不一样，耐碱性也有很大差别，显影时应根据印版工艺条件选择与之相匹配的显影液，如强碱性或弱碱性显影液，有时也会选用以氢氧化钠、硅酸钠为主组成的中性显影液。

二、显影液的处理

印刷行业往往被认为是高污染的行业，生产活动中产生的制版与印刷废液是主要污染物。根据《国家危险废物名录》，印刷过程中产生的显影液废水等属于废物类别"HW16 感光材料废物"。在印前制版领域，每年有大量废显影剂未做处理就直接排放。该废液中含有大量的强碱性物质，如果直接排放，会对环境造成一定的污染。

随着全世界对环境保护意识的逐渐增强，显影液废水的排放、处理和循环再利用已经成为印刷业关注的重点。近年来，显影液废水的处理设备和技术也在研究人员的不懈努力下得到了前所未有的发展。

印版显影液废水一般由显影主剂、抑制剂、湿润剂和水组成，这些废水中还包含印版感光涂层。一般来说，对显影液废水的处理要考虑再循环利用的问题，而显影液再循环利用所需要解决的主要技术是净化技术。显影液废水的处理技术主要有化学药品中和法、物理净化法、蒸发浓缩法、生物处理法等。

1. 化学药品中和法

化学药品中和法是靠辅助添加化学药品，析出沉淀，进行过滤的方式来处理冲版废水的。其原理是，利用化学药品让溶解在废水中的杂质形成沉淀，然后采用过滤方式除去沉淀物。

由于显影液呈碱性，最简单的处理方式是使用酸性中和剂调节废水 pH 值为 7 ～ 9，使杂质在废水中变得不溶，从而形成沉淀物析出来。为了形成粒度更大的沉淀物以方便后继的沉降或过滤，还可添加其他凝聚剂或过滤助剂。

2. 物理净化法

物理净化法目前主要采用的方法有活性炭处理法、超滤膜处理法、电化学处理法等。

（1）活性炭处理法。活性炭具有非常多的微孔、巨大的比表面积和较强的吸附作用，活性炭处理法是利用活性炭的吸附作用来吸附有害物质的。该方法是将显影液废水通入填充了活性炭的多个填充层，再将该显影液废水的通过液返回到显影机的水性显影液的供给部作为水性显影液再次使用，不用将显影液废水废弃且能继续使用。该方法仅用于水性显影液废液的处理，在使用上有一定局限性。

（2）超滤膜处理法。超滤膜能够将溶液进行净化、分离或者浓缩。超滤膜筛分过程，以膜两侧的压力差为驱动力，以超滤膜为过滤介质，在一定的压力下，当原液流过膜表面时，超滤膜表面密布的许多细小的微孔只允许水及小分子物质通过而成为透过液，而原液中体积大于膜表面微孔径的物质被截留在膜的进液侧。通过分离技术，将粒径为 0.01 ～ 0.001μm 的物质除去，将微小悬浮物、胶体等杂质截留，成为浓缩液，从而实现对原液的净化、分离和浓缩的目的。

其工艺流程：显影液废水从储存箱流入调节箱进行水量、水质的调节，确保显影液废水的稳定性，为后续工艺顺利进行提供必需的条件。用离心泵将废液输入超滤膜组件，经过超滤膜分离后的显影液废水变得清晰透明。超滤膜组件可以对显影液废水再生处理，达到显影液废水零排放目的，降低显影液成本。

该方法适合处理小水量、间歇排放的显影液废水与分散点源污染治理；能够高效地进行固液分离，分离效果远远超过传统的沉淀池，水质良好，出水悬浮物和浊度接近零，可以直接回用；可长时间保持显影液质量的稳定性。

（3）电化学处理法。电化学处理法是用可溶性金属作电极，在电源作用下净化水质的一种水处理技术。电化学工艺是电流通过电解质溶液引起氧化还原反应的过程，是在电解槽中实现的。电解槽有两个与电解液相接触的电极，电化学反应是在电极与电解液的界面上发生的。在阳极，反应物发生氧化反应;在阴极，反应物被还原。因此，电化学处理法在废水处理中应用也较多。

与常规的化学、生物处理方法相比，电化学处理方法具有许多独特的优点：①利用电解作用，无须添加氧化剂、絮凝剂等化学药品；②既可作单独处理，又可与其他处理方法相结合，提高废水的可生化性；③若处理得当，不会或很少产生二次污染；④设备简单，占地少。电化学处理法包括电化学氧化还原、电凝聚、电气浮、光电化学氧化、内电解等方法。

3. 蒸发浓缩法

蒸发浓缩法就是采用蒸发浓缩装置，通过加热和浓缩显影液废水，将显影液浓缩后分离为蒸馏再生水和浓缩废液，浓缩废液除去水分后压缩成浓缩物的形式，再进行废物处理。

4. 生物处理方法

生物处理方法是将放线菌和酵母菌构成的混合菌种与载体制成菌剂，再将菌剂与显影液废水、废定影液混合进行堆放，通过控制堆放的温度、相对湿度和时间，到堆放结束后，处理废显影液的菌剂可直接作为肥料。将含银量达到饱和状态的处理废定影液的菌剂静置，进行重力分层，就可以收得银，分离银后的菌剂也可以作为肥料。

采用该方法处理废定影液、显影液废水，不存在废物排放问题，成本也较低。

任务四　黏合剂的检测与处理

黏合剂的性质是在其调配过程中决定的，在印刷整个环节中都用到了黏合剂，因此必须了解其性能，以便在实际生产中正确选择和合理使用各种黏合剂。这对于提高黏合质量、减少材料的消耗、降低生产成本、提高经济效益有着重要意义。

要正确选用黏合剂，就需要了解和掌握黏合剂的基本性能。在印刷工业中，黏合剂的性能检测主要有外观、密度、固体含量、pH 值、黏度、黏接强度等。

一、外观的测定

（一）任务解读

黏合剂的外观是指色泽、状态、宏观均匀性、机械杂质或凝结物等，它在一定程度上可以直观地反映出黏合剂的质量或性能。

（二）设备、材料和工具

黏合剂试样试管：内径 (18±1)mm，长 150mm。

（三）课堂组织

学生 5 人为 1 组，实行组长负责制。当外观的测定结束时，教师对学生的操作步骤及结果进行点评；现场按评分标准评分，并记录在报告上。

（四）操作步骤

（1）将 20mL 试样倒入干燥洁净的试管内，静置 5min，在天然散射光或荧光灯下将试管对光观察，试验在 (23±1)℃条件下进行。

注意：若温度低于 10℃，当发现试样有异样时，则可用水浴加热至 40℃，保持 5min，然后冷却到 (25±1)℃，5min 后再进行观察。

（2）观察颜色、透明度、分层现象、机械杂质、浮油凝集体等指标。

二、密度的测定

（一）任务解读

黏合剂的密度是指在规定温度下液态黏合剂单位体积的质量（真空中的重量），用

ρ 表示，单位为 g/cm^3。测定原理：用 20℃下容量为 37.00mL 的重量杯所盛液态黏合剂的质量与 37.00mL 求比值，此测定方法称为重量杯法。密度能反映黏合剂混合的均匀程度，是计算黏合剂涂布量的依据。

黏合剂密度的测定方法参照《液态胶粘剂密度的测定方法 重量杯法》（GB/T 13354—1992）。

（二）设备、材料和工具

试样：足够进行 3 次测定的液体黏合剂；重量杯：20℃下容量为 37.00mL 的金属杯；恒温浴或恒温室：能保持 (23±1)℃；电子天平：分度值为 0.001g；温度计：0～50℃，分度值为 1℃。

（三）课堂组织

学生 5 人为 1 组，实行组长负责制。当黏合剂的密度测定结束时，教师对学生的操作步骤及结果进行点评；现场按评分标准评分，并记录在实训报告上。

（四）操作步骤

（1）用挥发性溶剂清洗重量杯并将其干燥。

（2）在 25℃下将搅拌均匀的试样盛满重量杯，再将盖子盖紧且保持溢流口处于开启状态，随即用挥发性溶剂擦去溢出物。

（3）将盛满试样的重量杯置于 (23±1)℃的恒温浴或恒温室中，使试样恒温至 (23±1)℃。

（4）用挥发性溶剂擦去溢出物，然后用重量杯的配对砝码称量步骤（3）状态下的重量杯，精确至 0.001g。

（5）每个黏合剂试样测试 3 次，以 3 次数据的算术平均值作为测定结果，保留 3 位有效数字。

（6）测定完毕，将重量杯清洗干净并干燥。

（五）结果计算

液态黏合剂的密度按式（7.1）计算。

$$\rho = \frac{m_2 - m_1}{37} \tag{7.1}$$

式中，ρ——液态黏合剂的密度，g/cm^3；

m_1——空重量杯的质量，g；

m_2——盛满黏合剂试样时重量杯的质量，g；

37——重量杯容量，cm^3。

三、固体含量的测定

（一）任务解读

固体含量是指黏合剂中不挥发物的含量。测定黏合剂的固体含量的方法是黏合剂试样在一定温度下加热一定时间后，以加热后试样质量和加热前试样质量的百分比表示。固体含量是黏合剂的黏接强度的根本因素和重要指标，通过固体含量可以了解黏合剂的配方合理性和性能的可靠性。

不同黏合剂对固体含量的要求不同，固体含量低，挥发分量多，固化的时间就长；固体含量高，挥发分量少，固化的时间就短，但相对黏合剂收缩率低，成本高。固体含量通常根据被黏接产品材料和使用性能而定。

黏合剂含固量的测定方法参照《胶粘剂不挥发物含量的测定》（GB/T 2793—1995）。

（二）设备、材料和工具

恒温烘箱：温度波动不大于 ±2℃；称量容器：直径 50mm、高度 30mm 的称量瓶或铝箔皿；干燥器：装有变色硅胶的干燥器；电子天平：分度值为 0.001g；温度计：1 ～ 150℃，分度值为 1℃。试样取样量、试验温度、试验时间的要求如表 7.1 所示。

表 7.1　试样取样量、试验温度、试验时间的要求

黏合剂种类	取样量 /g	试验温度 /℃	试验时间 /min
氨基系树脂黏合剂	1.5	105±2	180±5
酚醛树脂黏合剂	1.5	135±2	60±2
其他黏合剂	1.0	105±2	180±5

（三）课堂组织

学生 5 人为 1 组，实行组长负责制。当黏合剂的固体含量测定结束时，教师对学生的操作步骤及结果进行点评；现场按评分标准评分，并记录在实训报告上。

（四）操作步骤

（1）称量预先洗净干燥至质量恒定的称量容器并记录质量。

（2）按要求用电子天平称取黏合剂试样，精确到0.001g，将试样置于称量过的容器中。

（3）将容器放入已按试验温度调好的恒温烘箱中加热，加热时间参照表7.1。

（4）取出试样放入干燥器中冷却至室温，称其质量。

（5）结果表示。

固体含量按式（7.2）计算。

$$X=\frac{m_2-m}{m_1-m}\times100\% \tag{7.2}$$

式中，X——固体含量，%；

m——称量容器的质量，g；

m_1——称量容器与加热前试样的总质量，g；

m_2——称量容器与加热后试样的总质量，g。

试验结果取2次平行试验的平均值，保留3位有效数字。

四、黏合剂的pH值的测定

（一）任务解读

pH值是指氢离子浓度的负对数值，表示溶液的酸碱性，pH值小于7为酸性，pH值等于7为中性，pH值大于7为碱性。在黏合剂中，pH值是一项重要的质量指标，它影响黏合剂的储存稳定性、固化时间、胶合强度、游离甲醛含量等。不同种类的黏合剂对pH值的要求不同，如氨基系树脂黏合剂在酸性介质中反应速度快，在中性介质中更稳定，所以脲醛树脂黏合剂的pH值一般为7～8，三聚氰胺甲醛树脂在微碱性介质中更稳定，其pH值一般为8.5～9.5。

黏合剂pH值的测定方法参照《胶粘剂的pH值测定》（GB/T 14518—1993）。

（二）设备、材料和工具

试样：每种黏合剂样品取3个试样，每个试样约50mL。

数显酸度计：精度为0.1pH，如图7.7所示。

蒸馏水：用分析实验室用水规格和试验方法（GB/T 6682—2008）规定使用的三级水。

缓冲溶液：按化学剂pH值测定通则（GB/T 9724—2007）配制。

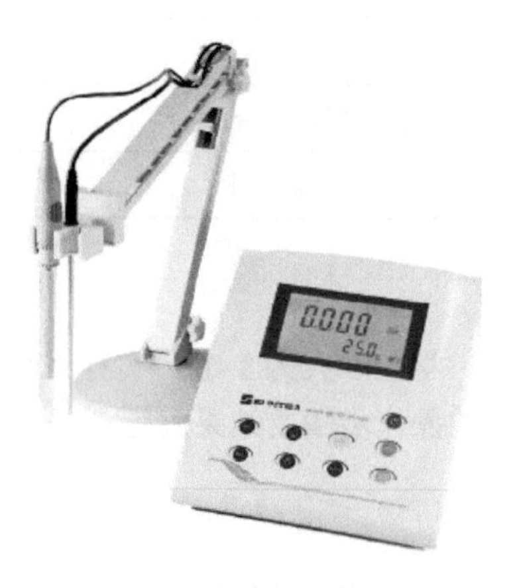

图7.7　数显酸度计

恒温浴：保持 (25±1)℃（也可另外确定）。

烧杯：容积为 100mL。

量筒：容积为 50mL。

（三）课堂组织

学生 5 人为 1 组，实行组长负责制。当黏合剂的 pH 值测定结束时，教师对学生的操作步骤及结果进行点评；现场按评分标准评分，并记录在实训报告上。

（四）操作步骤

（1）在使用数显酸度计前，先将玻璃电极在蒸馏水中浸泡 24h，为了确保酸度计零点稳定，打开电源开关指示灯，预热 30min。同种试样应选择与其 pH 值相近的两种标准缓冲溶液校正酸度计。

（2）对于液体黏合剂，用量筒量取 50mL 试样倒入烧杯中，作为测定 pH 值的待测试样。

当试样的黏度大于 20Pa·s 时，用量筒分别量取 25mL 蒸馏水和 25mL 试样倒入烧杯中，用玻璃棒将其搅拌均匀后作为待测试样。

对于干性黏合剂，先称取 5g 粉碎黏合剂试样置入烧杯中，再用量筒量取 100mL 蒸馏水倒入烧杯，回流 5min 后作为待测试样。

（3）将盛有待测试样的烧杯放入恒温浴中［没有特别说明时，恒温浴的温度保持 (25±1)℃］，待测试样温度达到稳定平衡后，将玻璃电极用蒸馏水冲洗干净并擦干，再用被测溶液洗涤电极，然后将电极浸入待测试样中，轻轻转动或摇动烧杯，使待测试样均匀接触电极，最后按下读数开关，读取数值。

（4）若 3 个连续待测试样测定的 pH 值的差值大于 0.2，则重新取 3 个试样再次测定，直至连续 3 个试样的 pH 值的差值不大于 0.2 为止。

（5）测定完毕，放开读数开关，关闭电源，冲洗电极，并将电极浸泡在蒸馏水中。

（五）结果表示

取 3 个试样的 pH 值的算术平均值作为试验结果，其结果保留 1 位有效数字。

五、黏度的测定

（一）任务解读

黏度是反映黏合剂内部阻碍相对流动的一种特性，阻力越大，黏度越大。黏合剂的黏度是表征黏合剂质量的重要指标之一，它直接影响黏合剂的流动性和黏接强度，对施胶工艺方法起着决定作用。

不同的黏接制品对黏合剂黏度的要求不同，对于多孔的被黏材料，要求黏合剂的黏度适当低，黏度低的黏合剂流动性好，施胶时易填满被黏材料表面的微孔，增加了黏接的表面积，黏接面积的增加有利于提高黏接强度。对于表面光滑、微孔较少的被黏材料，黏合剂的黏度应高些，有利于在被黏材料表面形成牢固胶膜，避免缺胶现象。

此外，不同的黏合剂和黏接面积，对黏合剂的黏度要求有所不同。黏接大面积的材料时，需要黏度较低的黏合剂；黏接面积小、黏接强度要求高的材料时，需要黏度较高的黏合剂。对于水溶性或溶剂型黏合剂，随着溶剂的不断挥发，黏合剂的黏度不断升高。对于热熔型黏合剂，温度的改变会影响黏合剂的黏度。黏合剂黏度的改变极大地影响了黏接性能。为保证黏接质量，在操作过程中需要对黏合剂的黏度进行控制。

黏合剂黏度的测定方法参照《胶黏剂黏度的测定　单圆筒旋转黏度计法》（GB/T 2794—2013）。

（二）设备、材料和工具

NDJ-8S 旋转黏度计，如图 7.8 所示。

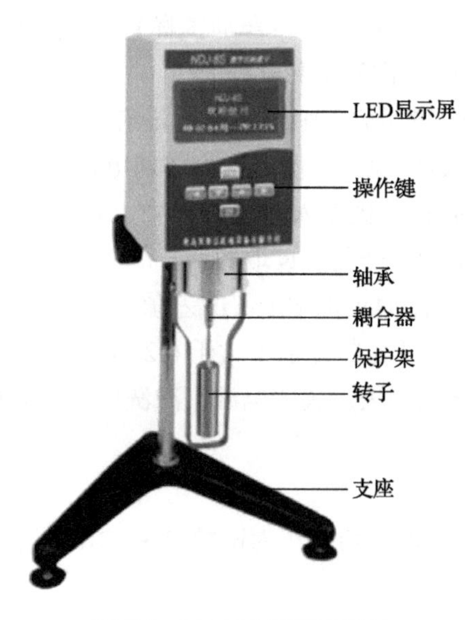

图 7.8　NDJ-8S 旋转黏度计

容器：标称容量 600mL、外径 (90.0±2.0)mm、全高 (125.0±3.0)mm、最小壁厚 1.3mm 的低型烧杯或盛样器。

温度计：分度值为 1℃。

（三）课堂组织

学生 5 人为 1 组，实行组长负责制。当黏合剂的黏度测定结束时，教师对学生的操作步骤及结果进行点评；现场按评分标准评分，并记录在实训报告上。

（四）操作步骤

（1）在容器中装满待测试样，确保盛装过程中无气泡引入，如有必要，可用抽真空或其他方法消除气泡。若样品易挥发或吸湿等，则应在恒温中密封容器。

（2）将准备好试样的容器放入恒温浴中，确保时间充分，以达到规定的温度，若无特殊说明，试样温度控制在 (23±0.5)℃。

（3）选择合适的转子及转速，使读数在满量程的 20% ～ 90%。

（4）按启动键，根据 NDJ-8S 旋转黏度计说明书操作设备，记录稳定读数。

（5）按停止键，等到转子停止后再次启动做第二次测定，直到连续 2 次测定数值相对平均值的偏差不大于 3%。

（6）测定完毕，将转子从仪器上拆下用合适的溶剂清洗干净。

（五）结果表示

结果取 2 次测定数值的平均数，单位用 Pa·s 表示。

六、黏接强度的测定

（一）任务解读

黏接强度是指在外力作用下，使黏接件的黏合剂与被黏物界面产生破坏所需要的应力。黏接强度是评价黏合剂的黏接质量的重要指标，通常根据黏接接头的受力不同（图 7.9），分为剪切强度、拉伸强度、冲击强度、剥离强度、弯曲强度、压缩强度等。在此主要介绍拉伸强度、剪切强度、冲击强度和剥离强度的测定方法。

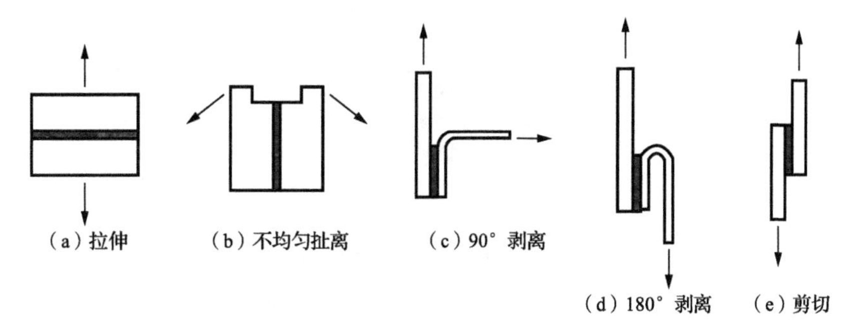

图 7.9　黏接接头的受力类型

（二）设备和工具

万能材料拉力试验机（图 7.10）：试样的破坏载荷应处于拉力机满量程的 10% ～ 90%。

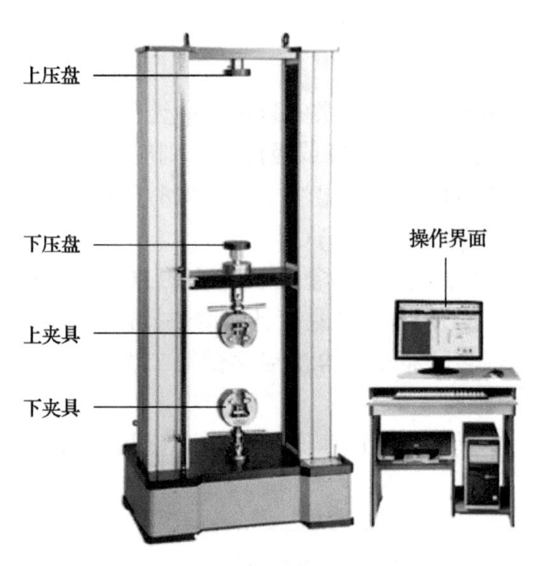

图 7.10　万能材料拉力试验机

数显摆锤式冲击试验机（图 7.11）：其量具的最小分度值为 0.05mm。

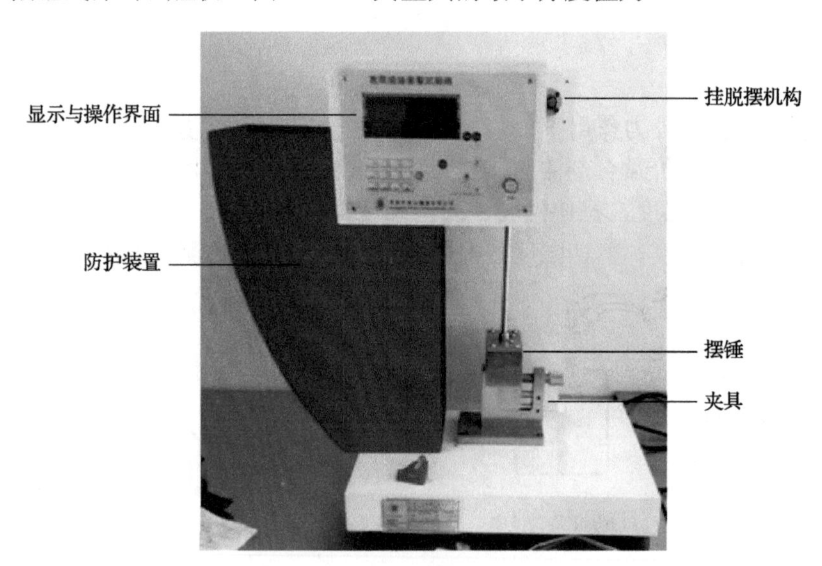

图 7.11　数显摆锤式冲击试验机

（三）课堂组织

学生 5 人为 1 组，实行组长负责制。当黏合剂的黏接强度测定结束时，教师对学生的操作步骤进行点评；现场按评分标准评分，并记录在实训报告上。

（四）操作步骤

（1）拉伸强度测定。这里介绍非金属与非金属黏接拉伸强度测定方法，金属与金属、非金属与金属黏接拉伸强度测定方法类同。拉伸强度的测定参照《胶粘剂对接接头拉伸强度的测定》（GB/T 6329—1996）。

① 在温度为 (23±2)℃和相对湿度为 (50±5)% 的试验环境中，用获得最佳黏接涂布方式将黏合剂涂布在被黏材料上，使材料 1 和材料 2 黏接，黏接面错位不大于 0.2mm，再将材料 1 和材料 2 固定到方形或圆形金属块（金属块尺寸与万能材料拉伸试验机配套金属块尺寸一致）上，如图 7.12 所示。

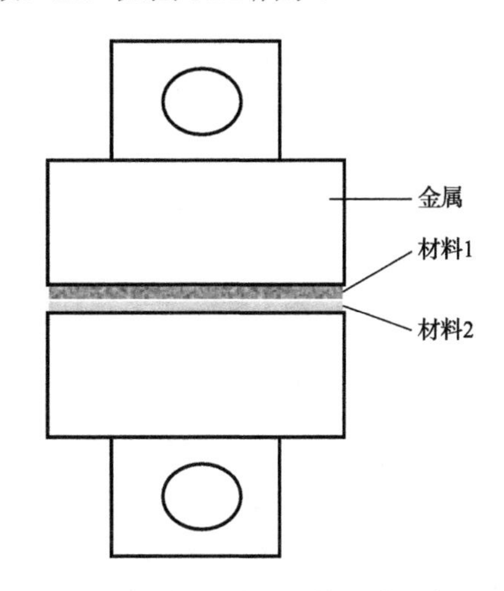

图 7.12　非金属与非金属黏接拉伸强度测定试样

② 将测定试样安装在图 7.10 中拉力试验机的夹具上，调整位置使施力方向与黏接面垂直，以恒定加载速度拉伸试样（若不确定被测试样的加载速度，应做预先试验，以确定合适的加载速度），当材料 1 和材料 2 拉断时，记录破坏时的最大值作为试样的破坏载荷。

③ 拉伸强度按式（7.3）计算：

$$\sigma = \frac{F}{A} \tag{7.3}$$

式中，σ——拉伸强度，MPa；

F——试件破坏时的最大拉力，N；

A——试件的黏接面积，cm^2。

试样个数不少于5个，取5个有效试验结果的算术平均值，保留3位有效数字。

（2）剪切冲击强度测定。剪切冲击强度是指试样承受一定速度的剪切冲击载荷发生破坏时，单位黏接面积所消耗的功，单位为J/m^2。剪切冲击强度的测定参照《胶粘剂剪切冲击强度试验方法》（GB/T 6328—2021）。

① 准备试样：将尺寸为$(25\pm0.5)mm\times(25\pm0.5)mm\times(10\pm0.5)mm$的上试块和尺寸为$(45\pm0.5)mm\times(25\pm0.5)mm\times(25\pm0.5)mm$的下试块黏合（图7.13）。试块可为金属或木材、塑料等非金属，上下试块保持近似密度的同种材质黏合。若为木材，其干燥时的密度不小于$0.65g/cm^3$，水分含量保持在10%～12%，测试面应保证直纹、无损坏、无木节、无虫眼、腐烂及其他不正常的变色、腐朽、颜色不均等瑕疵。若无特殊要求，金属取10个试样，木材取20个试样。

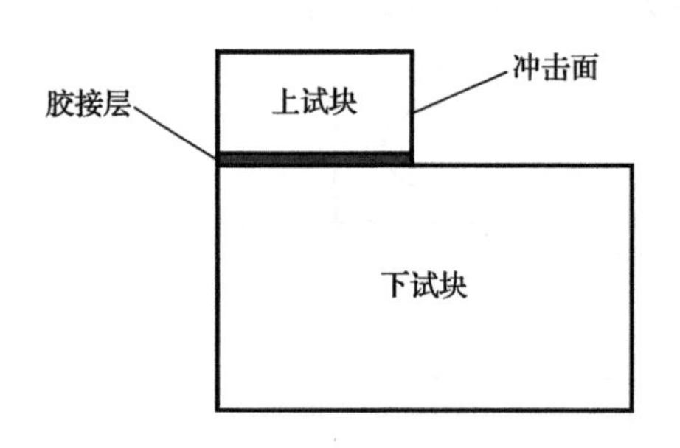

图7.13　剪切冲击试样

② 处于常态条件下的试样，至少在温度为(23 ± 2)℃和相对湿度为(50 ± 5)%试验环境中放置2h，以保持试样的含水量在整个测试周期内无影响。

③ 将试样固定在图7.11摆锤冲击试验机的夹具上，使试样端面对着固定装置的支撑面，把摆锤架轻轻靠在试样上，调整定位器，使摆锤面与试样冲击面对准，确保冲击时摆锤下端贴近黏接边缘0.8mm内。

④ 把摆锤提到一定高度，使摆锤底部与夹具的距离为22mm，设置摆锤的速度为3.4m/s。

⑤ 开启试验机，使摆锤落下冲击试样，记录试样的破坏消耗的能量W_1。

⑥ 将被打掉的上试块再与下试块叠合，重复⑤操作1次，记录试样的惯性功W_0。

⑦ 记录每个试样的破坏类型，如内聚破损、黏合剂的破坏、黏附破损、胶层从被黏试样上脱落、接触面破损、因凹凸不平而引起的黏合剂没黏到的地方或表面压力不均而产生的黏合剂分布不均、材质破损、被黏试样发生变形或破坏。若破坏发生在远离黏接面处，则试验无效。

剪切冲击强度按式（7.4）计算。

$$I_s = \frac{W_1 - W_0}{A} \tag{7.4}$$

式中，I_s——剪切冲击强度，J/m^2；

W_1——试样破坏所消耗的能量，J；

W_0——试样的惯性功，J；

A——试样的黏接面积，m^2。

测试结果用剪切冲击强度的算术平均值表示，精确至 100J/m^3（保留 3 位有效数字）。

（3）T 剥离强度测定。挠性材料对挠性材料黏接的 T 剥离试验是在试样的未黏端施加剥离力，使试样沿着黏接线产生剥离，所施加的力与黏接线之间的夹角可不控制。T 剥离强度的测定参照《胶粘剂 T 剥离强度试验方法 挠性材料对挠性材料》（GB/T 2791—1995）。

① 准备试样：按图 7.14（a），将同种或两种挠性材料黏接作为试样，材料长 200mm，宽 (25±0.5)mm，厚度均匀且不大于 3mm。按黏合剂的产品说明书对材料表面进行处理和使用黏合剂。涂胶长度为 150mm，要保证材料宽度上均匀地涂满胶。在材料将被分离的一端放一薄片状材料（防黏带），以确保材料不需黏合的部分不被黏合剂黏住。每个批号试样的数目不少于 5 个。

制备试样时如需加压，应在整个黏接面上施加均匀的压力，推荐施加的压力可达到 1MPa，建议配备定时撤压装置。

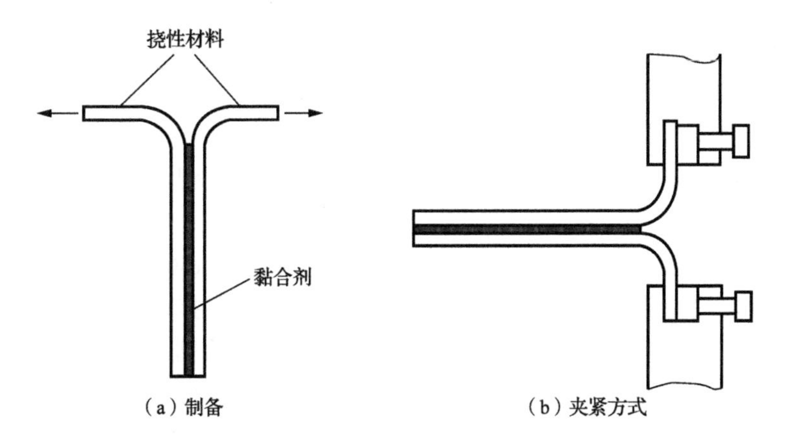

图 7.14　挠性材料与挠性材料黏接件

② 将待测试样在温度为 (23±2)℃和相对湿度为 (50±5)% 的试验环境中放置至少 2h。将试样无黏接一端分开，按图 7.14（b）对称地夹在图 7.10 拉力试验机的上下夹具中。夹具部位不能滑移，以保证所施加的拉力均匀地分布在试样的宽度上。

③ 启动万能材料拉力试验机，使上夹具和下夹具以 (100±10)mm/min 的速度分离，使试样的剥离长度至少达 125mm，记录装置同时绘制剥离负荷曲线，并注意破坏形式(黏附破坏、内聚破坏或被黏物破坏)。

④ 对每个试样从剥离力和剥离长度的关系曲线上测定平均剥离力，单位为 N，计算剥离力的剥离长度至少为 100mm，但不包括最初的 25mm，可画一条估计的等高线（图 7.15）或测面积法来得到平均剥离力。记录在至少 100mm 剥离长度内的剥离力最大值和最小值。

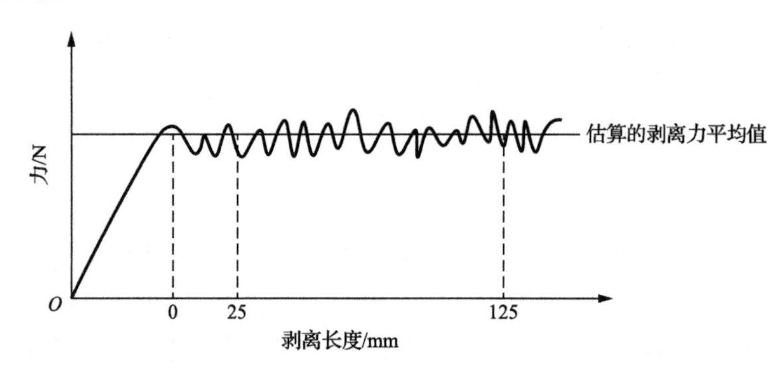

图 7.15　典型的剥离曲线

相应的剥离强度按式（7.5）计算：

$$\sigma_{\mathrm{T}} = \frac{F}{B} \tag{7.5}$$

式中，σ_{T}——剥离强度，kN/m；

F——剥离力，N；

B——试样宽度，mm。

计算所有试验试样的平均剥离强度、最大剥离强度和最小剥离强度，以及它们的算术平均值。

（4）180° 剥离强度测定。挠性材料对刚性材料黏接的 180° 剥离试验，将两个材料用黏合剂黏接成待测试样，然后将试样以规定速度从黏接的开口处剥离，两个材料沿着黏接面长度方向分离，通过挠性被黏材料所施加的剥离力基本上平行于黏接面。180° 剥离强度测定参照《胶粘剂 180° 剥离强度试验方法 挠性材料对刚性材料》(GB/T 2790—1995)。

① 准备试样：将挠性被黏材料或刚性被黏材料黏接作为试样。刚性被黏材料长不小于 200mm、宽 (25±0.5)mm，挠性被黏材料（能弯曲 180° 无严重的不可回复的变形）长不小于 350mm、宽 (25±0.5)mm，若挠性被黏材料边缘易磨损，则比刚性材料两边各宽 5mm。被黏材料的厚度以能经受住所预计的拉伸力为宜，通常由黏合剂供需方约定，

推荐金属 1.5mm，塑料 1.5mm，木材 3mm，硫化胶 2mm。按黏合剂的产品说明书对材料表面进行处理和使用黏合剂。涂胶长度为 150mm，要保证材料宽度上均匀地涂满胶。在材料将被分离的一端放一薄片状材料（防黏带），以确保材料不需黏合的部分不被黏合剂黏住。每个批号试样的数目不少于 5 个。

制备试样时如需加压，应在整个黏接面上施加均匀的压力，推荐施加的压力可达到 1MPa，建议配备定时撤压装置。

② 将待测试样在 (23±2)℃和相对湿度为 (50±5)% 的试验环境中放置至少 2h。将挠性被黏材料的无黏接的一端弯曲 180°，再将无黏接一端的挠性和刚性被黏材料分别夹紧在图 7.10 拉力试验机的上夹具和下夹具中。注意使夹具间试样准确定位，以保证所施加的拉力均匀地分布在试样的宽度上，如图 7.16 所示。

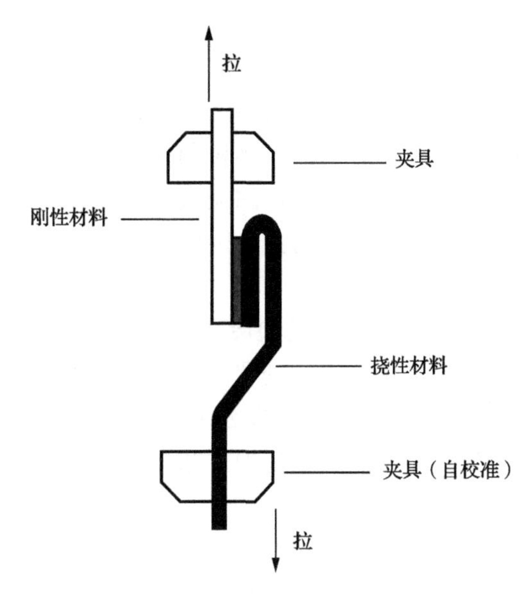

图 7.16 挠性材料与刚性材料黏接试样

③ 启动万能材料拉力试验机，使上夹具和下夹具以 (100±10)mm/min 的速度分离，使试样的黏接剥离长至少达 125mm，万能材料拉力试验机自动记录夹具的分离速度和当夹具分离运行时所受到的力，注意黏接破坏的类型（黏附破坏、内聚破坏或被黏物破坏）。

④ 对每个试样从剥离力和剥离长度的关系曲线上测定平均剥离力，单位为 N。计算剥离力的剥离长度至少为 100mm，但不包括最初的 25mm，可画一条估计的等高线（图 7.13）或测面积法来得到平均剥离力。记录在至少 100mm 剥离长度内的剥离力最大值和最小值。

相应的剥离强度按式（7.6）计算：

$$\sigma_{180°} = \frac{F}{B} \tag{7.6}$$

式中，$\sigma_{180°}$——180° 剥离强度，kN/m；

F——剥离力，N；

B——试样宽度，mm。

计算所有试验试样的平均剥离强度、最大剥离强度和最小剥离强度，以及它们的算术平均值。

知识拓展

黏合剂的废液处理

在印刷工业中，黏合剂是重要的辅助材料之一，其应用极其广泛。黏合剂在使用过程中常有洗桶、洗装置等产生的含悬浮固体树脂的乳状废液，若排入下水道，会引起水污染，使水中化学耗氧量骤增。黏合剂的废液成分比较复杂，废液中难生化或不可生化的有机物成分对环境易造成极大污染，因此废液如何处理才能有利于环保，成为大众关注的焦点。

根据《固体废物污染环境防治法》《危险废物转移联单管理办法》等相关法规，有机树脂类废物必须交由有资质的单位进行处置。在印刷包装业中，黏合剂的废液处理通常是分类储存，运输到有资质的废弃物处理公司处理。

从当前国内外污水处理厂所用的污水处理工艺具体情况来说，主要有一级处理和二级处理：一级处理主要采用物理方法，具体包括格栅拦截及沉淀等手段；二级处理主要采用生化方法，具体包括传统活性污泥处理技术、絮凝沉淀法、氧化法等。在环保工程中，常用的处理方法为活性污泥技术和生物膜处理技术等，在进行选择时，要结合污水处理实际来确定。

黏合剂废液中除了悬浮固体树脂，还有动植物油、悬浮物洗涤剂等，具有浸透、乳化性质、可生化性较差，易起泡，对普通的好氧生物菌的生长造成一定的困难。因此含黏合剂的废液处理方法常采用厌氧耗氧工艺法生物接触氧化为主体，通过初沉池、调节池、A 级生化池的处理（依靠兼氧、厌氧菌将废液的大分子分解成小分子，提高废液的可生化性并除去部分化学耗氧量），配套集泥井、O 级生化池（废液在 O 级生化池内再由好氧菌进一步大幅削减污染物）、二沉池、消毒池、污泥浓缩池等处理设施，使含黏合剂的废液处理达到排放标准。

练习与测试

一、判断题

1．印版显影液由溶剂水、显影剂、抑制剂和润湿剂构成。（ ）

2．润版液电导率过高会影响网点还原、模糊、图文发花。（ ）

3．显影液废液的处理技术主要有化学药品中和法、物理净化法、蒸发浓缩法、生物处理法。（ ）

4．醇类润版液的成分有乙醇、异丙醇和磷酸盐。（ ）

二、选择题（含单选和多选）

1．胶印使用润版液的目的为（ ）。

A．保持印版空白部分与图文部分的平衡，形成水膜，保护空白部分，防止脏版

B．与版基反应形成新的亲水层，维持印版空白部分的亲水性

C．控制印版表面温度，调整油墨温度，防止油墨因温度升高而过分铺展

D．防止油墨氧化

2．润版液的常见种类有（ ）。

A．桃胶润版液　B．普通润版液

C．醇类润版液　D．丙三醇润版液

3．润版液的 pH 值过低，会造成（ ）。

A．承印物被润湿　B．PS 版的图文被溶解

C．油墨乳化　D．印版被腐蚀

E．油墨干燥延缓

4．用 pH 计测润版液 pH 值时应注意（ ）。

A．取下电极保护帽　B．电极与溶液接触

C．电极插入液面下 4cm　D．pH 计应定时校准

三、简答题

1．测量润版液 pH 值时应注意哪些问题？

2．测量润版液 pH 值的常用方法是什么？

3．黏合剂使用前，常对其进行哪些性能检测？对其进行性能检测有什么作用？

4．为什么要对黏合剂废液进行处理？

5．洗车水的主要成分是什么？

6．如何选用洗车水？

参 考 文 献

陈正伟，2009．印刷包装材料与适性 [M]．北京：化学工业出版社．

丛娟，2012．单张纸胶印油墨结皮现象分析及处理 [J]．印刷杂志（10）：45-47．

董娟娟，2012．专色油墨配色系统中目标色的测量 [J]．佳木斯教育学院学报（9）：119-120．

方燕，朱克永，黄文均，等，2013．废旧油墨的再生处理与利用的研究 [J]．包装工程，34（3）：137-141．

付文亭，2014．CTP 印版显影参数设置研究 [J]．包装学报，6（1）：53-56．

高晶，江辽东，1987．印刷材料 [M]．北京：印刷工业出版社．

郭婷，田学军，黎厚斌，等，2014．胶印专色油墨计算机配色实验研究 [J]．荆楚理工学院学报（2）：15-20．

黄文锋，2014．胶印 PS 版耐印力的探讨 [J]．广东印刷（1）：46-48．

李聪，易尧华，苏海，等，2014．印版网点参数测量方法研究 [J]．中国印刷与包装研究，6（6）：75-80．

李晓明，2014．确保 CTP 印版质量应控制的条件 [J]．广东印刷（5）：20-22．

凌云星，金慧，2007．实用油墨技术指南 [M]．北京：印刷工业出版社．

刘海燕，2010．胶印专色油墨配色实践与分析 [J]．包装工程，31（19）：91-94．

刘家聚，2003．包装印刷油墨结皮的危害及预防 [J]．湖南包装（1）：34-35．

刘艳，2018．胶粘剂工厂废水处理工艺简析 [J]．工业与信息化（16）：106-107．

刘志奎，殷康，2003．共沸蒸馏治理苯胺废水技术示范 [J]．化工矿物与加工，32（3）：33-35．

彭飞，1999．共沸蒸馏技术在氯苯废水处理中的应用 [J]．河南化工（7）：38-39．

皮阳雪，龚海森，2014．油墨配色软件调配专色墨实例 [J]．印刷杂志（5）：34-36．

齐成，2005．包装印刷中专色油墨的调配和使用 [J]．机电信息（14）：19-23．

钱军浩，2003．印刷油墨应用技术 [M]．北京：化学工业出版社．

吴龙苏，2014．CTP 质量控制与检查 [J]．印刷杂志（9）：44-45．

熊祥玉，2001．油墨色彩及色差的数据测量（一）[J]．丝网印刷（4）：25-30．

严美芳，徐敏，2010．纸张的色相与印刷品色彩再现研究 [J]．包装工程，31（21）：103-106．

翟怀凤，李东光，1995．实用木材粘合剂生产与检验 [M]．北京：金盾出版社．

郑李霞，胡媛，2011．简述制版测控条在 CTP 制版系统中的应用 [J]．广东印刷（5）：32-33．

朱天明，2008．设计印刷标准色谱 [M]．北京：化学工业出版社．

朱也莉，2006．上转换发光纳米 ZrO_2 的制备及在红外防伪油墨中的应用 [D]．北京：北京化工大学．